SMED

Implantación integral del sistema.

Sumario

SMED. Implantación integral del sistema.

Introducción

El tiempo que transcurre mientras que una máquina se encuentra en espera, es el principal motivo de las pérdidas económicas más importantes que se producen en cualquier empresa del sector industrial.

Cuando se produce una interrupción por la incapacidad de realizar la función requerida debido a un estado interno, el tiempo de parada se clasifica como avería.

Según la teoría de Análisis del Valor considera que el conjunto de elementos que conforman una máquina debe cumplir tres tipos de funciones:

- Funciones principales. Son aquellas para las que el elemento fue diseñado.

- Funciones secundarias. Las que cumplen funciones de apoyo a las principales y que dotan al conjunto de la fiabilidad necesaria.

- Funciones terciarias. Son aquellas que cumplen funciones relacionadas con la incorporación de elementos relacionados con la ergonomía y diseño de la máquina.

Siguiendo la teoría del Análisis del Valor, las averías se pueden clasificar en las siguientes categorías:

- Avería crítica. La que afecta las funciones del elemento consideradas como principales.

- Avería parcial. La que afecta a algunas de las funciones.

- Avería reducida. La que afecta al elemento, sin que pierda su función principal y secundaria.

Esta clasificación es importante para desarrollar un modelo de estudio y eliminación de averías. Una estrategia para solucionar averías debe considerar la existencia de averías críticas, parciales y reducidas, siendo necesario, eliminar en forma prioritaria las averías críticas en primer lugar, para conseguir un aumento significativo de la fiabilidad del equipo.

Las paradas planificadas, como por ejemplo las que se realizan para efectuar un mantenimiento preventivo, están programadas dentro de un plan de actividades que tienen una duración y coste determinado y con recursos previamente asignados para tal fin.

La planificación del mantenimiento preventivo se basa en la información recogida en averías previas y por recomendaciones de los fabricantes de las máquinas y equipos que las conforman. En función de la tipología, se planifica la revisión y sustitución de componentes con una frecuencia específica.

Los paros no planificados que se encuentran por la desatención operativa tienen que ver con la mala organización de las tareas productivas y por falta de coordinación entre las operaciones que conforman el flujo productivo normal, por ejemplo, las operaciones auxiliares necesarias para preparar la máquina al proceso de producción.

Este tipo de operaciones son repetitivas, planificadas y gestionadas normalmente con una metodología bajo la dirección de un plan diseñado por la Ingeniería de Procesos, que permite realizar la tarea de la forma más eficaz posible, por ejemplo, las que se refieren a la preparación del material que entra en el flujo productivo, la evacuación del producto terminado, operaciones logísticas, etiquetado, operaciones puntuales de limpieza, control de calidad, etc...

Durante el proceso de fabricación, las operaciones que corresponden al cambio de modelo, normalmente no se realizan con una frecuencia determinada, y no tienen por qué responder siempre al mismo patrón de actuación operativo. La influencia de la mano de obra y aspectos como la estrategia y la planificación de las actividades se convierten en la resultante de la totalidad del tiempo durante que la máquina está esperando a reiniciar la producción.

A través de la metodología SMED, se puede alcanzar el tiempo óptimo de cambio de modelo y flexibilizar el proceso productivo adecuándose a la demanda del cliente.

SMED no solo se centra en la reducción pura del tiempo de cambio, sino que, de forma paralela, incrementa la productividad en términos de disponibilidad, aumentando la eficacia del equipo por la reducción de tiempo de avería, aumenta el rendimiento de la máquina debido a la optimización del proceso y aumenta la calidad reduciendo el rechazo originado por los ajustes iniciales debido a la optimización de los parámetros de proceso y planes de control efectuados.

En términos organizativos, se optimizan los recursos de personal y se flexibiliza la producción contribuyendo a una mejor respuesta a la demanda.

A través de este libro, se detallan las fases de la metodología y funcionamiento de la herramienta con el planteamiento de realizar una implantación integral del sistema, a través de herramientas de organización industrial.

Se profundiza en el concepto de la pérdida, tanto en términos productivos como en económicos y, por consiguiente, qué impacto tendrá el desarrollo de mejoras enfocadas a resolver las pérdidas, incluso los beneficios extra que pueden aportar al sistema productivo y por extensión a la organización.

También en la elaboración de medidas de bloqueo que eviten retornar a la situación inicial y los mecanismos para realizar el despliegue horizontal.

El origen.

Shigeo Shingo, ingeniero industrial japonés, fue una de las personas más relevantes en el diseño del sistema de organización del trabajo japonés y del sistema de gestión JIT (Just In Time) también conocido como el sistema de producción Toyota (TMS). Tras la segunda guerra mundial, Japón se encontró en una grave recesión económica que motivó la generación de un nuevo modelo de sistema productivo, siendo capaz de ser competitivo en un escenario de posguerra desprovisto de materias primas. Necesitaban generar beneficios en la productividad sin necesidad de recurrir a economías de escala, proporcionar productos económicos con buena calidad, fabricando en pequeñas cantidades con el fin de mantener stocks reducidos de las materias primas con un tiempo de fabricación lo más ajustado posible y aumento de los niveles de eficiencia para maximizar la reducción de costes de fabricación.

De este modo, dio lugar a una nueva filosofía basada en herramientas de mejora continua, empleando técnicas de fabricación enfocadas a la mejora de los procesos, reduciendo las actividades que consumen más recursos de los necesarios y eliminando las operaciones que no generan valor en el producto final.

Bajo este contexto, Shigeo ha contribuido, a través del método SMED, modificando la percepción de la pérdida, añadiendo una nueva perspectiva del desperdicio cuando una máquina se detiene para efectuar un cambio de modelo.

Diferenció los principales tipos de desperdicio relacionados con el cambio de modelo como, por ejemplo, el coste de las mermas producidas tras los inicios de lote, el mantenimiento de los equipos y medios productivos, movimientos logísticos de materiales, desplazamiento de personas, así como el desperdicio del talento de los propios trabajadores que participan en el proceso productivo.

Shigeo entendió la necesidad de transformar las operaciones productivas en flujos continuos sin interrupciones con el fin de proporcionar al cliente el producto tanto en forma, cantidad y plazo. Por tanto, se focalizó en las paradas que generan los cambios de modelo y centro sus estudios en la reducción de tiempo las operaciones operativas y organización de las tareas de preparación.

El método ha sido aplicado durante décadas y sigue siendo una herramienta operativa básica en los sistemas de fabricación de las empresas que buscan la excelencia, siendo capaces de responder a la evolución de los mercados ante el nuevo paradigma económico globalizado, donde la inmediatez y la reducción de stocks son aspectos clave para elevar la competitividad a escala mundial.

La esencia del método contribuye a la transformación de la mentalidad de la Organización y de todos sus trabajadores y propone un nuevo planteamiento sobre el "donde estamos" y "hacia dónde queremos ir" Asimismo, descubre la capacidad oculta de la Organización, que permanece adormitada debido a la inercia en el "como lo hacemos" y permite desarrollar un nuevo enfoque reflexivo hacia el cambio.

Durante la puesta en marcha de la metodología se producen beneficios que se propagan en la Organización, modificando los planteamientos actuales, hacia una reconversión de los procesos de gestión.

Todos los trabajadores participan en la transformación de la Organización, el éxito se debe al esfuerzo común de todo el equipo.

Proceso y operación.

Antes de comenzar con el capítulo sobre la metodología SMED, es preciso asimilar los conceptos básicos que diferencian el proceso y la operación.

Proceso.

Un **proceso** es un flujo continuo que transforma las materias primas, a partir de una secuencia comprendida de varias fases, convirtiéndolas en productos.

Un proceso de fabricación se puede resumir en la siguiente secuencia de actividades:

1. Almacenamiento de materias primas.

2. Transporte de las materias primas a las máquinas.

3. Almacenar los materiales en espera de ser procesados.

4. Procesar productos en las máquinas.

5. Inspeccionar los productos procesados.

6. Embalar los productos procesados.

7. Almacenar los productos acabados.

8. Enviar los productos al cliente.

Operación.

Una **operación** es una acción realizada con el objetivo de transformar la materia prima, productos intermedios o productos terminados.

Las operaciones pueden ser de carácter manual, donde la mano de obra es necesaria, automática, donde mediante automatismos y robots se confecciona la elaboración de la operación y semiautomática, donde la operación se realiza de forma híbrida entre mano de obra manual y colaboración de automatismos y robótica.

La estructura de una operación se compone de dos partes:

1. Fase de preparación.

La fase de preparación se entiende como operaciones que se realizan antes y después del lote, por ejemplo, ajustes de utillajes, mantenimiento anterior y posterior, gestión documental, preparación de herramientas, etc...

2. Fase principal

La fase principal se divide en tres operaciones:

2.1. Operaciones de transformación de las materias primas, por ejemplo, una soldadura, mecanizado, etc.

2.2. Operaciones auxiliares, operaciones de colocación y evacuación de las piezas.

2.3. Operaciones de ajustes de tolerancias, limpieza, sustitución de consumibles, parada por mantenimiento preventivo, averías, etc...

Producción.

La producción es una combinación de operaciones y procesos, con actividades ejecutadas en una secuencia lógica y organizada, en cada fase del proceso.

Los procesos de fabricación pueden dividirse en cinco fases:

1. Procesado.

Es la acción de transformar las materias primas, de acuerdo con unos requerimientos de Calidad determinados, que permiten cumplir con la función específica del producto.

2. Inspección

Es la acción de comprobar que el producto reúne las características especificadas, en el plan de control de Calidad. La inspección puede incorporarse al proceso productivo, para realizar la inspección continua del producto durante su fabricación, que, a su vez, puede relevar anomalías en el proceso. La inspección puede realizarse al final del proceso productivo con el fin de comprobar el producto terminado, tras el proceso de fabricación, incluyendo el embalaje y servicios asociados al producto.

3. Transporte

Es la acción de desplazar los materiales a lo largo del flujo del proceso, desde la recepción de las materias primas hasta el conformado final del producto, incluyendo el almacén de expediciones y transporte al cliente final.

4. Almacenaje

La fase de almacenamiento puede ser dividida en cuatro subprocesos:

4.1.   Almacenamiento de materias primas. Material en bruto y/o pre-procesado.

4.2.   Materias primas en espera a ser procesadas.

4.3.   Productos intermedios procesados, subconjuntos para configurar el producto final (WIP)

4.4.   Almacenamiento de producto terminado.

En cada subproceso puede tener asociadas operaciones de verificación, en el caso que sea necesario si alguna de las fases puede interferir en la calidad final del producto, bien sea por alteración de las características de la materia prima o por las condiciones de embalaje especificadas para su proceso de fabricación.

5. Operaciones administrativas y de gestión.

Son las actividades que procuran la coordinación de todos los procesos, desde la gestión de compras de las materias primas, planificación de las unidades productivas (MRP I- II), logística interna, planes específicos de Calidad, flujo de documentación de ingeniería de fabricación, administración y contabilidad, etc.

Desde la perspectiva SMED.

A través de SMED, se establecen nuevas estrategias y metodologías, que consiguen optimizar las operaciones y procesos que procurarán una optimización general de los indicadores del proceso de fabricación.

En la fase de análisis de las operaciones que son necesarias para realizar el cambio de modelo, se realizan mejoras con el objetivo de eliminar y/o reducir las operaciones que se realizan en la fase de preparación, bien con maquina parada o las que se realizan previas al cambio.

SMED. El método.

El acrónimo SMED viene de las siglas en inglés de Single Minute Exchange Die, que se podría traducir al español como "cambio de herramienta en minutos de un solo dígito", es decir, realizar el cambio de herramienta en menos de un minuto. Como podemos observar, el objetivo viene dado en la denominación del método. Sin embargo, no deberíamos interpretar el objetivo al pie de la letra, ya que, en función de las características de nuestro sistema de fabricación, podría llegar a ser inviable desde distintos puntos de vista, económico, necesidades propias de la Organización, prioridades, recursos, etc.

Debemos ser pragmáticos y tener en cuenta que, cualquier reducción de tiempo dará lugar a una reducción de costes de forma directa.

El método se caracteriza por su sencillez, contiene cuatro fases bien diferenciadas que se desarrollan en secuencia, no deberán ser ejecutadas en varias fases simultáneamente, así como no terminar de aplicar cualquiera de ellas.

Las metodologías de Organización industrial de origen japonés establecen sus principios basados en la reflexión y en la meditación, que forman parte de la propia filosofía oriental. La asimilación del concepto del "cómo se hace" es clave para iniciar el proyecto de la implantación y evita en gran medida, posibles replanteamientos a futuro, cuando el resultado no haya sido el esperado.

Cuando se aborda la tarea con pretensiones de alcanzar resultados en el corto plazo, el índice de fracaso es alto.

Un ejemplo de cómo los japoneses replican la filosofía oriental en el sector industrial lo podemos ver en la aplicación de la denominada Ingeniería Recurrente, donde se aplica un análisis profundo al inicio de un proyecto, evitando cambios de diseño en las fases iniciales de la industrialización, evitando incurrir en altos costes en las fases claves de lanzamiento.

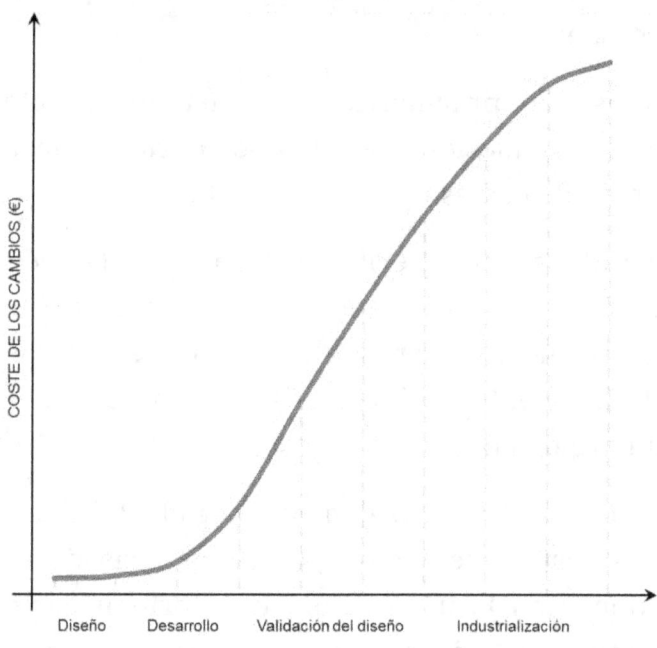

Costes modificaciones vs fase del proyecto

Introducción a la metodología.

Es importante conocer los conceptos básicos sobre los términos incorporados al método para comprender su fundamento.

Tiempo de preparación o cambio de modelo

Es el tiempo que transcurre desde que se fabrica la última pieza del modelo anterior, hasta que se produce la primera pieza conforme del siguiente modelo.

En algunas organizaciones, se entiende como cambio de modelo desde que se fabrica la última pieza del lote en curso, hasta que se inicia la producción de la nueva referencia, sin tener en cuenta el periodo que transcurre durante el ajuste de máquina hasta que se normaliza la producción, en términos de productividad y calidad. Sin embargo, si disco periodo de tiempo, no se considera como tiempo de preparación, las operaciones de la fase de ajuste no se incluirán en la fase de análisis SMED y, por tanto, en el plan de acciones enfocado al proyecto de mejora.

Las causas del origen de los problemas que se generan en las operaciones de ajuste pueden clasificarse en varios motivos, desde el mantenimiento inadecuado de los medios productivos, hasta una falta de habilidades en la propia capacitación del personal. Cada una de las causas tendrán que ser analizadas por el equipo SMED para encontrar las soluciones al problema desde el origen y tomar las acciones de bloqueo para que no se repitan.

Preparación interna (IED)

Preparación con máquina parada. Estas son las operaciones que de ninguna forma pueden ser realizadas con la máquina en marcha, sin embargo, sí que podrán llegar a realizarse en menos tiempo, por ejemplo, optimizando la organización de la secuencia de las operaciones, eliminando las operaciones innecesarias y reduciendo el tiempo de las operaciones mediante la aplicación de mejoras técnicas.

Preparación externa (OED)

Preparación con máquina en marcha. Estas son las operaciones que pueden realizarse con máquina en marcha. Principalmente son de tipo organizativo, como pre-montajes físicos de utillajes, preparación de la materia prima, organización del personal que participa en el cambio, preparación de las herramientas, inspecciones previas, etc.

Las operaciones organizativas suelen ocupar un gran porcentaje del tiempo total del cambio, por tanto, serán las primeras en ser abordadas en el estudio de análisis. La organización de las tareas carece de inversiones económicas, por tanto, son las más rentables en relación coste - beneficio. Por el contrario, suelen ser las más difíciles de aplicar, debido a la resistencia al cambio en general, en primer lugar, por la línea de mando y en segundo lugar por las viejas costumbres y hábitos por parte de los operadores.

En las reuniones que se mantienen con el grupo, es común escuchar frases del estilo; "Esto siempre lo hemos hecho así", "llevamos toda la vida haciendo lo mismo y no nos ha ido mal", etc.

La resistencia al cambio de las personas es una actitud muy difícil de vencer, sobre todo en personas con una trayectoria con acumulación de años de experiencia.

La estrategia para transformar los hábitos organizacionales se trata de aplicarse en la tarea de "convencer" para demostrar que, organizando mejor las actividades, no sólo se consiguen mejores resultados, sino que además se consigue un entorno de trabajo mejor, y la herramienta para conseguirlo se basa en la práctica y en la perseverancia. El mejor aliado, para que este tipo de propuestas salgan adelante, es el propio trabajador, una forma eficaz para reconducir la situación es buscar modos de motivación para que sean ellos los propietarios y promotores de las mejoras.

La gestión del cambio es el proceso más importante para lograr el éxito y conseguir un cambio de mentalidad.

A menudo, se suele recurrir a un "líder natural" de la Organización para llevar el proceso. La ventaja en este caso reside en el propio hecho de ser alguien de "casa", que pueda dar continuidad al proyecto, la principal desventaja puede ser el grado de contaminación ejercido sobre el propio sistema, donde puede limitar la visibilidad del conjunto.

En otras ocasiones, se recurre a un profesional externo y completamente ajeno a la Organización para liderar el proyecto desde el inicio. En este caso, la ventaja que reside en la claridad que puede ofrecer el hecho de no conocer a los integrantes del equipo y, por tanto, libre de prejuicios, sin embargo, en el momento que el proyecto se termina, puede ocurrir una "recaída", incluso volver a los viejos hábitos y costumbres.

Algunas de las actividades y operaciones OED más comunes son:

- Preparación de los medios productivos a nivel de mantenimiento.

- Traslado de los utillajes a la línea de producción.

- Preparación de la documentación necesaria para el cambio, planos, instrucciones de trabajo, etc.

- Preparación del material nuevo.

- Preparación de contenedores.

- Preparación de herramientas, <u>solo las necesarias.</u>

- Preparación del personal involucrado.

- Reunión previa con el equipo antes de comenzar el cambio.

Etapas de la metodología SMED

Existen cuatro etapas diferenciadas que debemos ejecutar desde el principio hasta el final y sin adelantar ninguna hasta que la anterior no esté concluida. Existe una etapa previa a la aplicación de la metodología, etapa preliminar y otra posterior, el despliegue horizontal.

Se exige rigor en la aplicación de cada una de las fases, de lo contrario, la probabilidad de fracasó será alta o no se logrará el objetivo propuesto en el inicio.

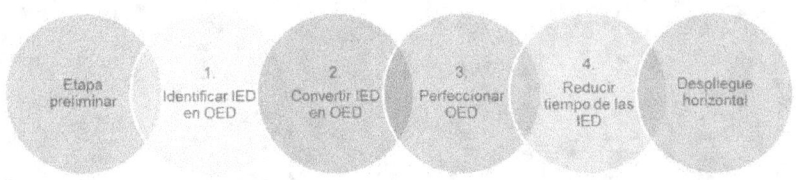

El siguiente esquema, muestra la evolución del cambio de modelo a medida que se avanza en el método. Los bloques representan las tareas que suceden en la duración total del cambio, las tareas están agrupadas sin diferenciar IED – OED.

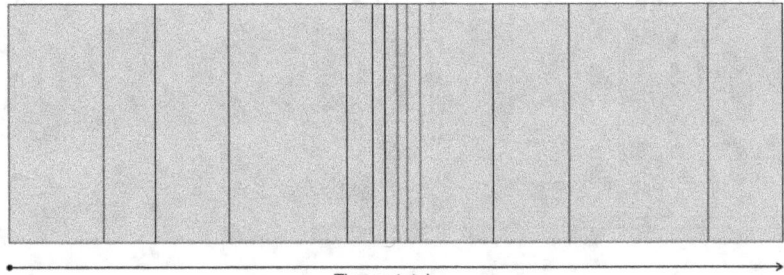

Tiempo total

Identificación de las operaciones IED-OED

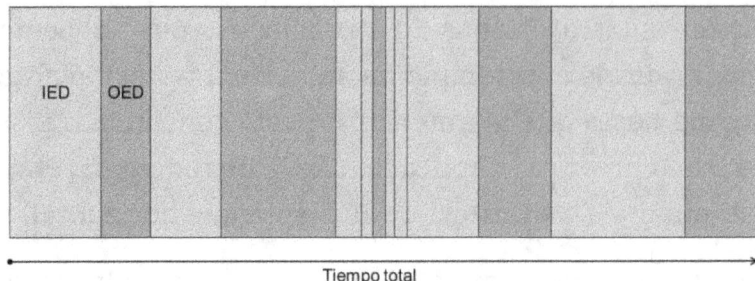

Tiempo total

Convertir y organizar las tareas OED, donde se produce una reducción importante de máquina parada.

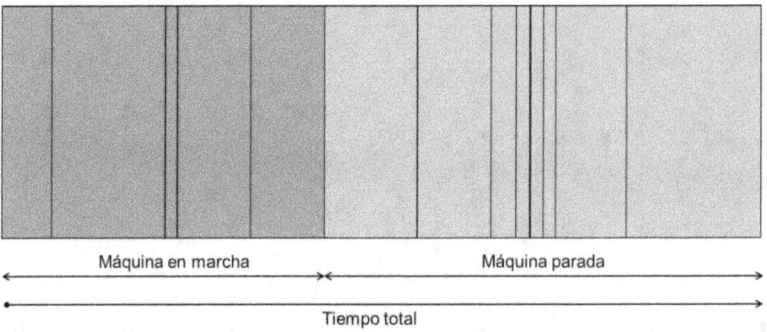

Máquina en marcha   Máquina parada

Tiempo total

Reducir tiempo IED. Aplicar mejoras técnicas para reducir el tiempo de las operaciones IED

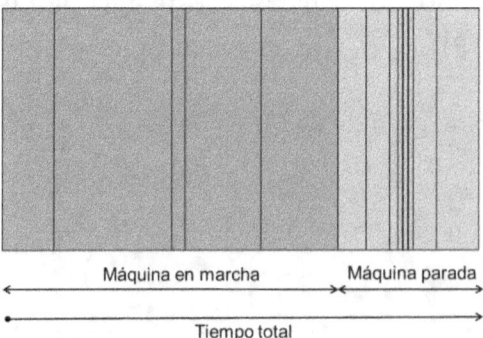

Máquina en marcha   Máquina parada

Tiempo total

Fase Preliminar. Observación.

En la fase preliminar se observan las operaciones que suceden durante el cambio de modelo. Para ello se filma la secuencia de cada operador que interviene en el proceso para visionar posteriormente cada operación. Es aconsejable utilizar cámaras personales de alta definición adheridas al cuerpo del operador, si se utiliza casco de protección es un lugar ideal para obtener imágenes con el suficiente nivel de detalle de cada operación. Otra opción, utilizada años atrás, es que una persona con cámara en mano siga al operador durante el cambio, sin embargo, este modo no es del todo aconsejable ya que la persona puede sentirse observada e incómoda durante la tarea. Con las cámaras portátiles, el operador llega a olvidar que la lleva.

Una vez realizada la filmación, se analizarán los videos junto con el equipo que ha intervenido, donde se irán describiendo cada una de las operaciones y anotando el tiempo de inicio y fin y el total de la duración.

A la hora de describir una operación, conviene entrar a nivel de detalle suficiente y no dividir en exceso las operaciones. Por ejemplo, si observamos una operación que consiste en cambiar un utillaje con varios tornillos, especificaremos, *"retirar conjunto de tornillos del utillaje x"* en lugar de *"retirar tornillo 1, retirar tornillo 2"* y así sucesivamente...

En el visionado nos daremos cuenta de que hay más operaciones de las que podíamos pensar, los desplazamientos también se consideran operaciones, ya que son pérdidas importantes.

En la hoja de anotaciones se describirán las operaciones de cada operador, por tanto, debemos tener tantas hojas disponibles como operadores participen en el cambio.

La siguiente tabla representa un ejemplo de hoja de trabajo que se irá completando a medida que vayamos haciendo el recorrido por el método.

1ª FASE					2ª FASE		3ª FASE		4ª FASE	Resultado SMED
OPERARIO					IDENTIFICAR OPERACIÓN IED OED		TIPO DE OPERACIÓN		PERFECCIONAMIENTO DE LAS TAREAS Y MEJORAS	Duración final
ID	TAREA	INICIO	FIN	DURACIÓN	IED (Interna) OED (Externa)	Tiempo extrayendo OED	EXTRAER externa	REDUCIR internas	MÉTODO PARA TAREA / PROPUESTA DE MEJORA	
1				0:00:00						
2		0:00:00		0:00:00						
3		0:00:00		0:00:00						
4		0:00:00		0:00:00						
5		0:00:00		0:00:00						
6		0:00:00		0:00:00						
7		0:00:00		0:00:00						
8		0:00:00		0:00:00						
9		0:00:00		0:00:00						
10		0:00:00		0:00:00						

Descargar el formato aquí.

https://www.smedproject.com/Descargas

Etapa 1. Identificar operaciones IED–OED.

La diferenciación entre IED y OED, es uno de los pasos más relevadores para hacer una estimación del ahorro de tiempo potencial. También releva inicialmente la estrategia sobre la secuencia de las tareas del cambio que se desarrollará tras el análisis.

Una vez anotadas todas las operaciones con el tiempo de duración, se clasificará realizando una identificación indicando cuales de las operaciones son internas y externas (IED y OED) y cuáles de las internas deberían ser externas y por tanto realizarse fuera del tiempo de parada de máquina. En la hoja de trabajo, el tiempo previamente asignado a las operaciones internas, pasarán a la columna "Tiempo extrayendo OED" De esta forma, tendremos el sumatorio de las operaciones por separado y podremos analizar inmediatamente el ahorro potencial obtenido en la nueva clasificación de operaciones.

Se estima que el tiempo IED suele reducirse entre un 30 y un 50% simplemente practicando las tareas de preparación con máquina en marcha.

Aunque la clasificación IED-OED responde a la lógica más básica, es muy común encontrar grandes ahorros de tiempo en esta fase.

Etapa 2. Convertir operaciones IED–OED.

En la segunda etapa se analizan dos conceptos importantes:

- Reevaluación de las operaciones para considerar si algunas operaciones están erróneamente consideradas como internas.
- Encontrar la forma de convertir las operaciones en externas.

Es la etapa donde se debe irrumpir en las viejas costumbres adquiridas en los procesos de ajuste o preparación y adoptar nuevos puntos de vista que proporcionen ideas de cómo convertir un IED en OED, por ejemplo, pre-centrados de utillaje, precalentamiento de moldes, incluso el estudio previo antes del comenzar el cambio, es decir, que ruta de movimientos tendrá que realizar el operario, consulta previa de los planos o instrucciones, etc.

En esta etapa es en la que deberemos ser creativos para encontrar soluciones alternativas. Existen métodos para potenciar la creatividad del equipo y obtener ideas con las que se pueden obtener grandes resultados.

Cada idea deberá valorarse desde el punto de vista del ahorro en relación coste – beneficio teniendo en cuenta la inversión y la pérdida actual. A veces una idea puede ser interesante y revolucionaria pero no rentable. Las mejoras que lleven consigo una inversión inicial deberán ser analizadas desde el punto de vista financiero.

Etapa 3. Organizar operaciones OED.

La tercera etapa consiste en organizar y mejorar las operaciones de preparación, organizar y secuenciar las tareas con el objetivo de optimizar el tiempo de la gestión de todas las fases de preparación, así como prever el tiempo necesario antes de iniciar el cambio de modelo.

- Preparar documentación, especificaciones...
- Organizar el equipo.
- Preparar utillajes.
- Trasladar utillajes.
- Preparar herramientas.
- Preparar materia prima.
- Preparar embalaje de producto.

Para seguir la secuencia de actividades se realiza una lista de comprobación "check-list" para no olvidar ninguna operación OED y asegurar que todas las tareas han sido ejecutadas.

También se elaboran listas de comprobación para la fase de las operaciones IED. Las listas de comprobación en general son muy útiles para no depender de la memoria de quien las ejecuta, es un método muy efectivo para no generar incertidumbre en la operación del cambio y evitar delegar la responsabilidad de los posibles errores del operador.

Etapa 4. Reducir tiempo operaciones IED

La cuarta etapa es donde se realizará un análisis profundo de las operaciones internas para minimizar el tiempo de operación.

- Análisis de la secuencia óptima de las operaciones.
- Propuestas de mejora para cambio rápido de utillajes.
- Incorporación de elementos rápidos o sustitución de pernos.
- Cambios de tecnología.

Se analiza la posibilidad de incluir a más operarios para realizar las operaciones en paralelo, de esta forma se optimiza el tiempo de los desplazamientos para coger herramientas o dejar utillajes.

Un ejemplo de secuencia de operación en paralelo lo podemos encontrar en el cambio de ruedas durante la parada del Pit Stop en la Formula 1.

Operación	Mecánico
Coger neumático	1
Aflojar tuerca	2
Sacar neumático	1
Montar neumático	3
Fijar tuerca	2

El sistema de fijación del neumático también es un ejemplo de mejora técnica, en lugar de tener varias tuercas de fijación han logrado fijar el neumático por una sola tuerca central.

Despliegue horizontal

El despliegue horizontal es el proceso de aplicar la metodología a otras áreas de producción una vez que se ha realizado la implantación total del sistema.

Con el despliegue horizontal se obtienen grandes beneficios por las siguientes razones:

- Gracias al aprendizaje durante la primera implantación, las siguientes se aplican en periodos de tiempo más cortos.
- Se extiende la participación del personal.
- Se encuentran nuevas vías de mejora.
- Se amplían las competencias del personal.
- Se minimizan las pérdidas obteniendo nuevos ahorros económicos.

El despliegue horizontal se realizará a la velocidad que la Organización estime oportuna, sin embargo, debe realizarse un análisis de los recursos de esta para que el despliegue sea efectivo.

Cuando se obtienen ahorros tras el éxito de la implantación de SMED, se produce una ansiedad por replicar la metodología en todas las máquinas de la empresa de forma simultánea, sin embargo, es recomendable realizar un despliegue de forma paulatina para no exceder los recursos de la empresa.

Mejoras de organización (OED).

Se estima que, solo aplicando mejoras en la organización del cambio, se pueden conseguir ahorros de entre el 30 y el 50% del tiempo total del cambio. Las mejoras de la fase de preparación, además de identificar y convertir operaciones internas en externas, también se enfocan en optimizar las operaciones de preparación con máquina en marcha. El planteamiento de las operaciones OED debe considerarse, desde el punto de vista de ahorro de tiempo, como si se tratara de una operación interna, la secuencia de las operaciones debe estar lo más ajustada posible para consumir los recursos de manera eficiente. Una vez definidas todas las operaciones, se calculará el tiempo total y se determinará el tiempo necesario que tenemos que prever antes del inicio del cambio de modelo, incluyendo una estimación de tiempo extra para prevenir cualquier eventualidad.

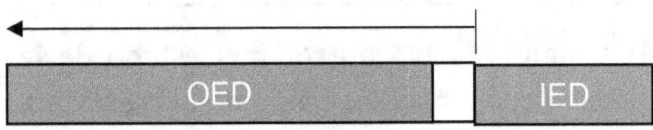

Ejemplos de mejoras organizativas.

- Herramientas.

La preparación de las herramientas es una de las operaciones más importantes previas a la ejecución del cambio. No solo consiste en tener las herramientas preparadas, sino de disponer sólo de las necesarias, es decir, si hacemos uso de llaves acodadas, llaves planas, etc, seleccionar del juego de llaves las que se vayan a usar, en lugar de trasladar consigo todo el juego de llaves y emplear tiempo en elegir la llave precisa para la operación. Es de gran utilidad reflejar en una tabla el tipo de herramienta y zona donde se utiliza. También puede hacerse algún tipo de identificación a través de códigos de colores, identificando la herramienta de mano y el tornillo, tuerca, etc, con el mismo color, es una forma visual que nos permite evitar errores a la hora de elegir la herramienta adecuada.

Utillaje	Herramienta	Código color
A	Allen 5	
B	Allen 8	
C	Fija 13	
D	Fija 26	
E	Allen 3 + Pie de Rey	
F	Allen 5	

Una forma de mantener el control y el estado de las herramientas es disponer de un panel de herramientas exclusivamente dedicado a los cambios de modelo, de tal manera que cada operador recoge las llaves que necesita antes del cambio y las devuelve a su sitio una vez finalizado.

- Documentación.

La preparación de la documentación de proceso, especificaciones, planos de utillajes, así como conocer los procedimientos de actuación es transcendental para realizar el cambio en las condiciones óptimas. La documentación deberá ser recopilada y distribuida y explicada con el equipo antes del cambio con el fin de resolver las posibles dudas que puedan surgir.

Es interesante disponer de un repositorio informático que reúna toda la documentación relativa al cambio de modelo. Cualquier modificación de las condiciones de fabricación deberá ser enviada al responsable para mantener la documentación vigente en cada momento. El origen de uno de los errores típicos que se producen en los cambios de modelo es trabajar con documentación obsoleta que no ha sido actualizada en su momento, genera confusión y errores que derivan en ajustes posteriores.

La documentación deberá ser clara y concisa, reflejando sólo la información relevante, dejando al margen el exceso de información que no interese para el cambio de modelo. Si es preciso, deberán establecerse documentos especiales para la utilización del cambio de modelo.

Las listas de comprobación de operaciones (check list) son muy útiles cuando el cambio consta de un gran número de operaciones y hay que seguir una secuencia determinada, de tal manera que el operador puede seguir la ruta reflejada y anota las operaciones que va realizando.

- Preparación de los utillajes.

La gestión puede resultar compleja en función del número y de los recursos asociados para el mantenimiento de los utillajes. En este sentido, representa un gran porcentaje de las incidencias que surgen durante el cambio o durante el proceso posterior de producción. Una avería en un utillaje puede llevar al traste el trabajo realizado durante el cambio de modelo y por supuesto, los resultados de la producción del lote, en términos de calidad y productividad.

La ubicación de los utillajes deberá estar lo más próxima posible a la línea de producción. Si existe una zona de almacenamiento de utillajes, será interesante estudiar un replanteamiento sobre si la gestión es la más adecuada y estudiar la opción de organizar una nueva ubicación que evite los desplazamientos, manipulaciones, usos de maquinaria y personal.

Si existe un plan de mantenimiento, conviene revisar si la periodicidad de las revisiones coincide con la frecuencia de los lotes de tal manera que siempre se encuentren con el mantenimiento realizado, si no es así, una alternativa es establecer un plan de revisiones que coincida con la planificación de la producción, de tal manera que el propio plan de producción dispare la orden de trabajo de forma secuencial.

- Preparación de la materia prima.

En el proceso de la preparación de la materia prima encontramos tres tipos de operaciones, operaciones de transporte, operaciones de comprobación de la calidad de acuerdo con las especificaciones del material y de preparación.

En este sentido hay que diseñar un proceso que asegure la llegada del material a tiempo en las condiciones adecuadas. Si el suministro es automatizado, las peticiones de material serán más sencillas de coordinar que si depende de un suministro manual, bien sea por transpaletas o carretillas, ya que, en este caso dependeremos del protocolo establecido con el personal del almacén y de posibles interferencias de sus tareas operativas.

Normalmente se trabaja con sistemas de Calidad concertada, bien si se trata de un cliente interno o externo, aun así, la llegada del material deberá llegar con la antelación suficiente de tal manera que exista un margen de tiempo que permita la devolución del material ante una eventual incidencia. El proceso de comprobación debe realizarse una vez que el material esté disponible en la zona de espera, ya que el material ha podido sufrir daños durante el transporte, con afecciones en las especificaciones de calidad y de embalaje.

La preparación del material es el proceso que reúne las operaciones de desembalaje y adecuación de la materia prima para ser procesada.

- Preparación previa del equipo.

Sin duda es la operación más importante, si los utillajes se encuentran en perfecto estado, la documentación a último nivel y el material reúne todas las especificaciones de calidad y suministro, pero no se realiza una preparación donde se defina la estrategia y repasar las particularidades y procedimientos de cada operación, hay probabilidad de que surja algún tipo de contratiempo durante el cambio de modelo.

Es conveniente realizar una reunión previa con el equipo para definir todos estos aspectos. Asimismo, realizar una reunión posterior al cambio para comentar las posibles incidencias y propuestas de mejora que puedan surgir, que a su vez servirán para realimentar el sistema de Mejora continua del sistema SMED.

Mejoras de operaciones (IED).

Las mejoras de las operaciones internas contribuyen a reducir el tiempo de las operaciones y a fortalecer el proceso desde un punto de vista de eficiencia. A continuación, se muestran algunos ejemplos de mejoras implantadas en una fábrica del sector de la Automoción.

- Revolver.

El proceso requiere de una barra con topes para hacer un encuadre de referencia de las piezas que van a ser alimentadas a la máquina. Cada referencia, tiene una barra adecuada a la forma de cada producto y al número de piezas que se procesan en el ciclo.

El cambio de esta barra debe hacerse con dos personas, debido a la longitud y peso del utillaje, la barra estaba atornillada a un bastidor con varios pernos que deben intercambiarse en la nueva barra y cada referencia consta de dos barras.

El tiempo total de la operación de ambas barras duraba 20'.

La mejora sustituyo el cambio de barra por un bastidor giratorio (revolver) de seis caras que contenían las barras preparadas para cada referencia. Además, los propios utillajes de cada barra eran fácilmente intercambiables en el caso de un aumento de referencias en la línea de producción.

El tiempo total de la operación actual es de 2'.

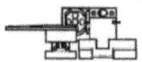

Diseño original

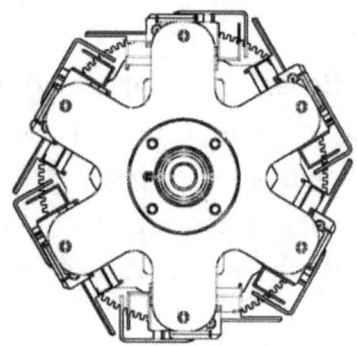

Mejora

- Unificación de ventosas.

Un utillaje compuesto por un bastidor dotado de unos brazos con ventosas se encarga de evacuar el producto de la línea de producción. Cada producto dispone de una configuración específica donde hay que mover los brazos con las ventosas a una posición determinada.

Cada brazo está amarrado a la estructura mediante ocho tornillos de fijación. El número de brazos que se tienen que adecuar es de un mínimo de seis, es decir, 48 tornillos. El tiempo para dicho ajuste es de 15'

La mejora consistió en añadir tantos brazos como fueran necesarios para obtener una configuración lo más versátil posible de tal manera que no fuera necesario realizar ningún tipo de ajuste, por tanto, la operación fue eliminada con un ahorro del 100% de tiempo.

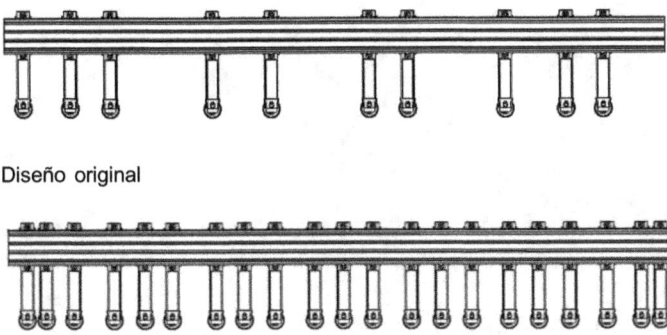

Diseño original

Mejora

- Topes

Un utillaje está provisto de topes que sirven para hacer una referencia mecánica para el posicionamiento de las piezas en la máquina. En cada cambio de modelo hay que ajustar la posición de dichos topes por una ranura de deslizamiento. Cada tope tiene dos tornillos de fijación y el número de topes que interviene en cada cambio es de doce (24 tornillos). El tiempo de operación es de 20'.

La mejora aplicada consiste en modificar el diseño del tope y dividirlo en dos partes, una base que se queda fijada a la guía de deslizamiento con alojamientos para los topes, distribuidos en una matriz con una distancia determinada y el tope que se inserta en los alojamientos designados para cada referencia.

El tiempo de operación se reduce a 5'.

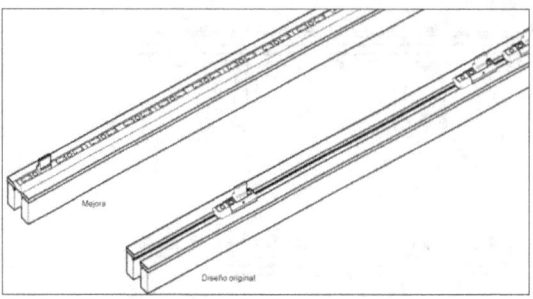

- Uso de Poka - yoke

El Poka – yoke es una técnica idea por el propio Shigeo Shingo que implantón en el sistema de producción Toyota en la década de 1960. Se trata de un conjunto de controles de calidad implantados en el propio producto y en utillajes de fabricación que evita el montaje de una pieza de forma incorrecta. La idea principal consiste en incluir modificaciones en la geometría de un ensamblaje de tal modo que no sea posible montase de otra forma evitando el error.

La incorporación de Poka – yokes a los procesos productivos ahorran costes derivados de problemas de calidad y del rendimiento de la producción.

Tipos de Poka – yoke:

Prevención: Su objetivo es imposibilitar que se cometa un error mediante un aviso antes de ejecutarlo.

Detección: Emite una alarma cuando ya se está cometiendo un error e impide seguir al próximo paso.

Clasificación de Poka – yoke:

Contacto. Un elemento físico detecta una pieza mal colocada y evita continuar al siguiente proceso.
Repetición. Obliga a hacer un número determinado de repeticiones.
Secuencia. Establece un orden específico, sin saltarse pasos o que puedan alterarse de alguna forma.

Pasos para implementar un Poka – Yoke.

Detección del problema. Observar y hay reiteración de errores durante las operaciones.

Llegar a la raíz del problema. Investigar la casusa raíz del problema para conocer donde se debe enfocar el estudio.

Diseñar un Poka Yoke. Realización de propuestas corregirá el problema de forma definitiva.

Verificar el correcto funcionamiento. Realizar las pruebas oportunas hasta confirmar que se haya solucionado el defecto.

Capacitación. Es necesario una capacitación a todos los involucrados con el Poka Yoke implementado para enseñar el nuevo procedimiento.

Revisión constante. Se recomienda hacer inspecciones periódicas para comprobar su funcionamiento.

- Eliminación de herramientas y estandarización de métricas.

Este proceso consiste en analizar los elementos de fijación que requieren de una herramienta y que podrían sustituirse por elementos de fijación mediante acción manual, tornillos de mano, clampas, tiradores, posicionadores, etc...

En la unificación de métricas hay un campo bastante amplio que conviene analizar, en muchas ocasiones, el diseño de los utillajes no se tiene en cuenta el número de métricas distintas que contienen y en muchos casos, se puede unificar la métrica del perno o el tamaño de llave plana para reducir el uso del número de herramientas, así como de los propios consumibles.

Proyecto 5S.

Las nuevas mejoras enfocadas en la organización de utillajes, que han derivado del análisis del SMED, son claves para el mantenimiento del sistema. Una de las herramientas que permiten estandarizar la nueva disposición de utillajes, es la aplicación de las 5S. Normalmente, 5S y SMED son herramientas que suelen aplicarse al mismo tiempo, ya que son complementarias para mantener el nuevo estándar.

La metodología 5S es una técnica de gestión que se inició en Toyota en los años 1960 con el objetivo de conformar lugares de trabajo bien organizados que mejoraran el entorno laboral y por consiguiente un incremento de la productividad.

5S se denomina así por la primera letra del nombre en japonés que designa cada una de sus cinco etapas, 整理 , Seiri, 整頓, Seiton, 清掃, Seiso, 清潔, Seiketsu, 躾 , Shitsuke.

A continuación, se describe el significado de cada palabra, así como su concepto y su objetivo particular.

Al iniciar un proyecto para implantar las 5S es necesario tener presente, que la probabilidad de fracasar en el intento es realmente alta, quizá al 99%, si es la primera vez y al 80% si se trata del segundo intento.

También es probable que el proyecto se abandone y no se encuentre una motivación para iniciarlo una tercera vez.

Las principales causas del fracaso se deben principalmente a tres factores, hábito, disciplina y recursos. El hábito y la disciplina son factores que están directamente relacionados, desde el punto de vista del orden y limpieza y sobre los estilos culturales de las personas. A menudo nos encontramos en situaciones cotidianas como por ejemplo no encontrar las llaves de casa, sin embargo, un japonés tiene un sitio para cada objeto y nunca lo deja en otro lugar que no sea en la ubicación prevista, siguiendo este ejemplo, podremos entender el porqué del índice de fracaso o éxito en función de las costumbres de las personas.

Los recursos están relacionados con la capacidad organizativa de la Organización que deberá proveer de las herramientas necesarias para llevar a cabo el proyecto. En este sentido, suele ser el menor de los problemas ya que en realidad, un proyecto de 5S no requiere de grandes inversiones económicas ni de recursos extras de personal.

La clave reside en el propio comportamiento humano cuando se ve en la disyuntiva de formar un hábito.

Un hábito tarda en formarse en función de la capacidad y de la motivación de la tarea a desarrollar, así como del número de repeticiones que han de realizarse hasta que la tarea se transforma en un hábito y/o costumbre. Como vemos en el siguiente gráfico, el tiempo en conseguir que beber agua se convierta en hábito, no debería ser un problema ya que tendremos un alto grado de capacidad y motivación para hacerlo, sin embargo, levantarse por la mañana para salir a hacer ejercicio, nos costará un esfuerzo mayor.

Desde esta perspectiva, podemos imaginar la dificultad que llevará una implantación de 5S en cualquier organización occidental, sin embargo, se puede conseguir insistiendo en la motivación y en repetir las acciones hasta generar el hábito en las personas que conforman la Organización.

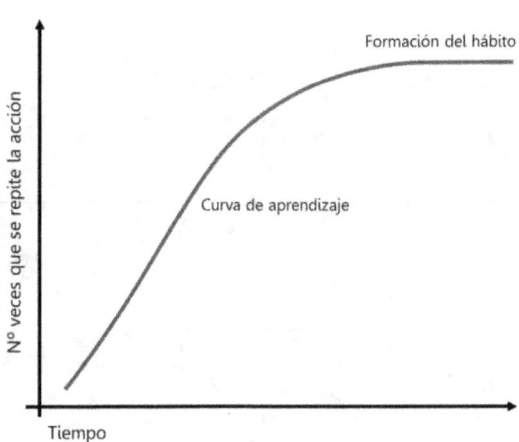

SMED. Implantación integral del sistema.

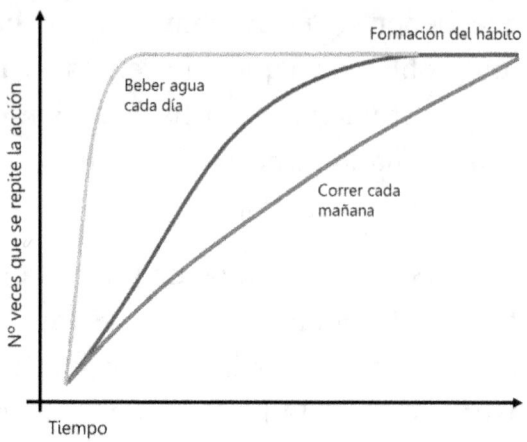

Español	Japonés	Concepto	Objetivo
Clasificación	整理, *Seiri*	Separar innecesarios	Eliminar lo inutil
Orden	整頓, *Seiton*	Situar necesarios	Ordenar los elementos necesarios asignando una ubicación específica
Limpieza	清掃, *Seiso*	Suprimir suciedad	Limpiar
Estandarización	清潔, *Seiketsu*	Señalizar anomalías	Prevenir la aparición de la suciedad y el desorden (Señalizar y repetir) Establecer normas y procedimientos.
Mantener la disciplina	躾, *Shitsuke*	Seguir mejorando	Fomentar los esfuerzos en este sentido

Primera S. Seiri. Clasificar.

Objeto

- Separar que sirve de lo que no sirve

- Mantener solo lo que se necesite y eliminar lo innecesario

- Colocar herramientas en sitios estratégicos

- Retirar elementos que puedan afectar al funcionamiento de los equipos

- Revisar documentación que haya en la zona de trabajo y eliminar la que se considere innecesaria.

Objetivo

- Mejorar la seguridad

- Liberar espacio

- Mejorar accesibilidad

- Se mejora el control visual

- Confortabilidad del trabajador en la zona de trabajo

Como se implantar Seiri.

- Hacer lista con los elementos innecesarios

- Identificar con tarjetas para identificar los elementos innecesarios y tomar una decisión;

- Roja: Elemento sobrante para guardar en otra ubicación

- Azul: Elemento para tirar

Segunda S. Seiton. Ordenar.

Objeto

- Un lugar para cada cosa

- Un lugar adecuado para fácil acceso

- Tener identificados los sistemas de seguridad, sentidos de giro, avance de máquinas, etc...

Objetivo

- Facilita el acceso rápido

- Mejora la seguridad

- Mejora la imagen de la empresa

- Se gana espacio

Como se implantar Seiton.

- Realizar un layout para definir la ubicación de los elementos clasificados en la primera S

  - Herramientas

  - EPIS

  - Armarios

  - Elementos de seguridad

- Demarcar zonas de trabajo con colores, área de máquina (amarillo), papeleras (azul), plantas (verde)...

- Identificar contornos de herramientas

Tercera S. Seiso. Limpiar.

Objeto

- Instaurar la limpieza como algo normalizado

- La limpieza es inspección

- Limpiar el equipo permite conocerlo

Objetivo

- Disminuye el riesgo de accidentes

- Mejora el bienestar de los trabajadores

- Aumenta la vida útil del equipo

Como se implantar Seiton.

- Campaña de limpieza

- Planificar el mantenimiento de la limpieza

- Realizar mapa de limpieza

- Preparar y ubicar los elementos de limpieza

Cuarta S. Seiketsu. Estandarizar.

Objeto

- Crear estándares de limpieza

- El estándar lo crean los operarios

Objetivo

- Implicación de los trabajadores

- Se crea el hábito del orden y limpieza

Como se implantar Seiton.

- Organizar un equipo de trabajo

- Crear estándares de trabajo

- Realizar formación

- Definir el proceso de los estándares

Quinta S. Shitsuke. Disciplina.

<u>Objeto</u>

- Respeto de las normas

- Control de las normas

<u>Objetivo</u>

- Respeto por parte de los trabajadores

<u>Como se implantar Seiton.</u>

- Auditorias periódicas que confirmen el funcionamiento del sistema

RRHH. Organización del equipo

Antes de comenzar con la implantación del sistema es necesario crear el equipo que se encargue de desarrollar el proyecto de principio a fin. El equipo SMED está formado por un equipo multidisciplinar donde participan miembros de cada área de la empresa donde tendrán su función en la fase de SMED que le corresponda. El equipo está dirigido por un coordinador responsable de coordinar todas las actividades del proyecto.

La estructura operativa de una fábrica de producción está dimensionada para acometer las actividades diarias de la empresa, por lo que normalmente cuenta con recursos limitados para abordar actividades extraordinarias, por tanto, es necesario hacer una planificación adecuada de los recursos que se van a necesitar durante la implantación del proyecto, así como las capacidades y competencias de cada miembro de la Organización.

Miembros del equipo

La estructura de un equipo SMED es de tipo horizontal. Las estructuras de tipo horizontal tienen la ventaja de afrontar resoluciones ágiles cuando el nivel de competencias responde al perfil que requiere cada fase del proyecto. Cuando la colaboración interdepartamental funciona de manera ágil, permite cerrar las acciones en los plazos fijados.

La función del coordinador es la de planificar las actividades del proyecto, organizar reuniones, coordinar la gestión de los cambios, crear los canales de comunicación y reportar el estado del proyecto a la Organización.

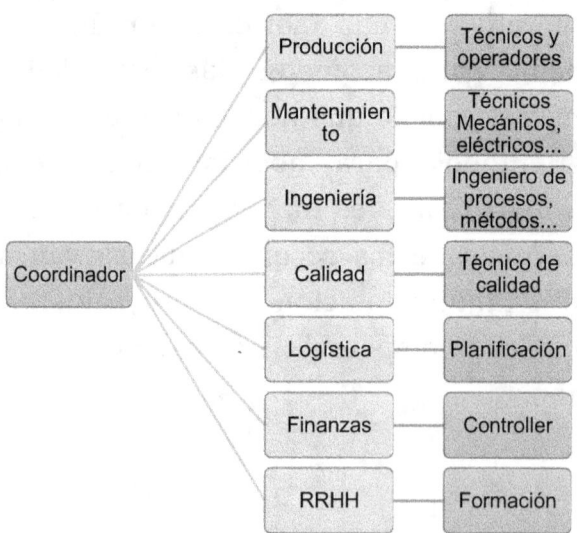

Equipo SMED

El valor de un equipo motivado.

Para alcanzar el éxito en cualquier proyecto que tenga como objetivo un beneficio común, debe basarse en los fundamentos del trabajo en equipo. El equipo Directivo tiene la responsabilidad de poner los medios necesarios para generar un clima motivador que repercuta en la actitud del equipo.

La resistencia al cambio, inherente al ser humano, es la causa principal del fracaso cuando se plantean nuevas propuestas innovadoras de carácter técnico o de cambios organizativos. El ser humano tiende a instalarse en su zona de confort y evita los cambios o lo desconocido, donde se va a producir un aprendizaje.

Para evaluar la capacidad potencial del equipo, para afrontar nuevos retos y nuevos métodos de trabajo, se puede realizar un sondeo de clima laboral, donde se puede medir el grado general de satisfacción identificando los recursos y sus motivaciones para el cambio.

Si el resultado es positivo será más sencillo acometer acciones que propicien una gestión del cambio adecuada, si por el contrario es negativo, será necesario definir una política de RRHH que logre cambiar la tendencia actual.

En la encuesta de clima laborar se suelen evaluar anualmente los diferentes aspectos relacionados más importante de la estrategia de RRHH de la Organización

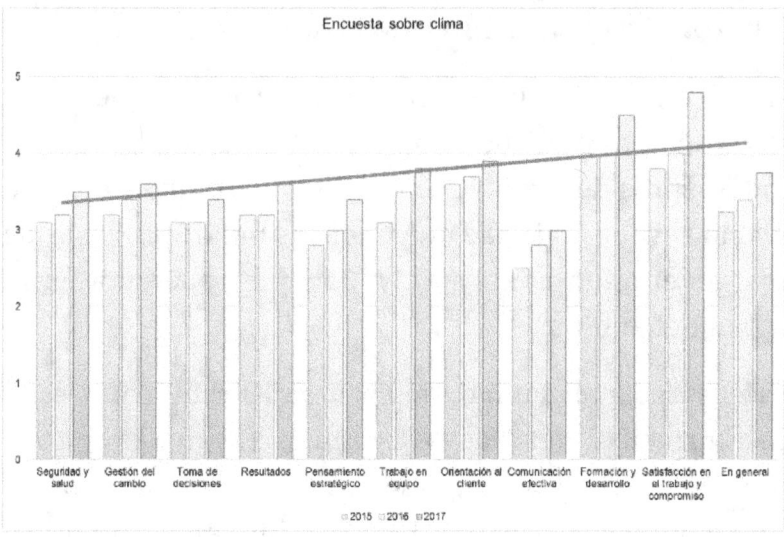

La Organización debe;

Evaluar la necesidad del cambio, en función del grado de satisfacción del empleado, incluso de la capacidad de cambio de la propia Organización.

Determinar una estrategia para el cambio y transmitir el plan a todo el equipo.

Reconocer la necesidad del cambio reconociendo la situación actual.

Establecer técnicas motivadoras individuales que aúnen al equipo hacia el bien común.

Analizar las habilidades y competencias profesionales del desempeño y tomar acciones para formar a las personas que no estén actualmente capacitadas para desarrollar las funciones que le correspondan.

Establecer metas y objetivos comunes, elevar la participación y establecer objetivos personales a cada miembro del equipo para para generar mayor compromiso.

Reconocer el trabajo bien hecho cuando se logren los objetivos establecidos y hacerlo de forma personal y públicamente.

Dotar de los recursos adecuados para el logro de los objetivos.

Fomentar el uso de herramientas creativas para la resolución de problemas.

Desarrollo de competencias.

El nivel de competencia del equipo define, en cierto modo, el grado de calidad que se obtendrá durante el desarrollo del proyecto.

En primer lugar, se definen las competencias necesarias y que tipo de especialistas son necesarios para cada una de las fases.

En segundo lugar, realizar una matriz de competencias de cada participante para compararlas con las competencias establecidas según el punto anterior.

En tercer lugar, analizaremos la capacidad del equipo para afrontar el proyecto, examinar los puntos débiles y desarrollar un plan de formación para mejorarlos.

SMED. Implantación integral del sistema.

área	Empleado	Nivel ideal	Habilidades requeridas										Total
			Habilidad 1	Habilidad 2	Habilidad 3	Habilidad 4	Habilidad 5	Habilidad 6	Habilidad 7	Habilidad 8	Habilidad 9	Habilidad 10	
	Empleado	Nivel ideal	4	3	4	2	3	3	4	4	2	3	32
PRODUCCIÓN	Empleado 1	Nivel actual	3	4	3	4	4	4	3	2	1	4	32
	Empleado 2		4	3	2	2	4	4	3	3	3	2	30
	Empleado 3		4	3	4	4	2	2	4	4	3	4	34
	Empleado 4		3	2	3	3	3	4	2	2	2	2	26
	Empleado 5		2	3	3	3	4	3	3	3	3	2	29
	Empleado 6		1	4	3	3	2	3	3	4	4	3	30
	Empleado 7		4	3	3	3	4	3	4	2	3	4	33
	Empleado 8		3	4	2	2	4	4	2	2	4	4	31
	Empleado 9		2	4	3	3	3	3	3	1	4	4	30
	Empleado 10		4	4	4	4	4	4	4	3	3	4	38
	Empleado 11		2	4	2	2	4	2	4	3	3	2	28
	Empleado 12		3	2	4	4	4	3	2	3	3	4	32
	Empleado 13		2	1	4	4	3	2	1	2	2	4	24
	Empleado 14		3	4	3	3	3	3	4	3	3	3	32
	Empleado 15		3	3	4	4	3	3	3	4	4	4	35
	Empleado 16		4	2	4	4	3	4	3	2	2	4	32
	Empleado 17		4	1	4	4	2	3	3	4	4	4	33
	Empleado 18		2	4	3	3	4	4	2	4	4	3	33
	Empleado 19		3	3	3	3	3	4	3	3	3	3	31
	Empleado 20		2	3	2	2	3	1	4	3	3	2	25

0   No conoce
1   Conoce el método
2   Realiza con ayuda
3   Realiza de manera autónoma
4   Experto

Competencias

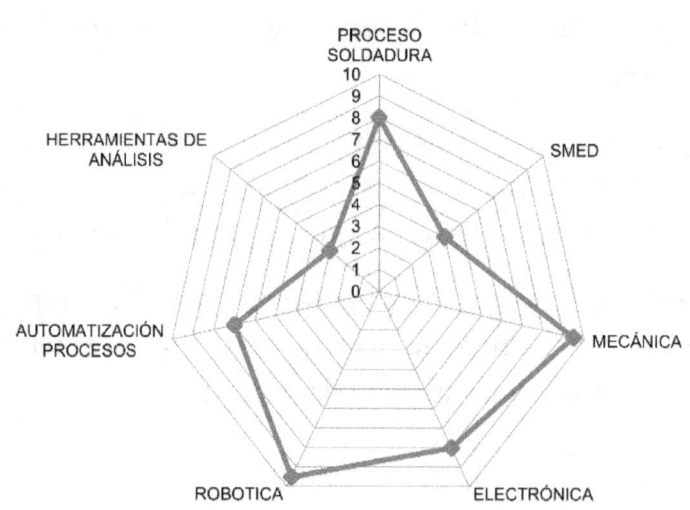

En el gráfico de araña, se muestra el análisis realizado sobre uno de los miembros del equipo donde se puede observar que hay algunas habilidades que deben ampliarse con formación específica. Una vez evaluada la formación, actualizaremos la matriz de habilidades para registrar las nuevas competencias adquiridas.

Este ejercicio debe realizarse antes de comenzar con cada miembro del equipo. Antes de iniciar el proyecto, la formación debe haber sido completada.

Coordinador del cambio de modelo.

Es una figura importante dentro de la Organización ya que es el punto de encuentro entre las actividades que desarrolla producción y el plan de acciones que debe gestionarse con la dirección del proyecto.

Las funciones principales del coordinador son las de liderar y coordinar todas las actividades relativas al cambio, operaciones de preparación, operaciones internas y coordinación del equipo.

También se encarga de elaborar un informe donde reporta la información relativa al cambio, duración, incidencias, mejoras, observaciones, etc...

Coordinar las acciones que puedan derivarse de las propuestas de mejora, así como del seguimiento de las ordenes de trabajo dirigidas al equipo de mantenimiento.

Esta figura es de vital importancia para mantener el desarrollo, no solo en el momento de la implantación del SMED sino del transcurso de los cambios de modelo que se realizarán de forma estandarizada, dentro de la organización del equipo de Producción.

El coordinador debe responder al perfil de un líder con habilidades para la dirección de equipos y acumulación de años de experiencia en el proceso productivo. El coordinador debe responder al perfil de un líder con habilidades para la dirección de equipos y con acumulación de años de experiencia en el proceso productivo.

Estrategia y Planificación

Debemos hacer una reflexión sobre a qué tipo de organización pertenecemos con el fin de definir una estrategia que nos permita abordar el proyecto SMED con garantías de éxito. Normalmente, las empresas productivas se organizan en estructuras funcionales y suelen ser débiles en la coordinación de proyectos. Desarrollan sus habilidades focalizándose en la estrategia operativa para alcanzar los resultados de productividad fijados por la Compañía.

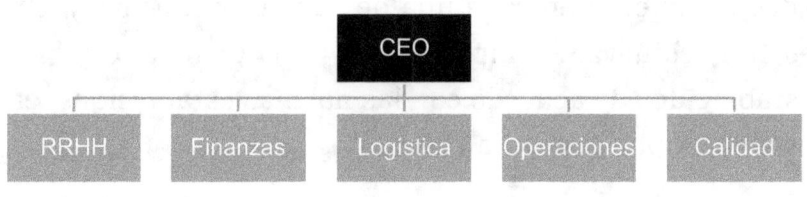

Uno de los problemas que tiene este tipo de estructuras es que el Coordinador deberá negociar con cada responsable para la asignación de los recursos. Una de las ventajas es que los miembros del equipo tienen un alto grado de especialización y será beneficioso para desarrollar las actividades durante el proceso de implantación.

La estrategia nos permite realizar una previsión de los recursos que vamos a necesitar, teniendo en cuenta los recursos disponibles. La involucración de la dirección es un factor clave y debe ejercer un liderazgo que sea capaz de canalizar la motivación necesaria al equipo de, además de proveer los recursos necesarios.

Para favorecer la motivación y la involucración del equipo, la dirección se encargará de alinear la estrategia corporativa de la compañía con la estrategia operativa, con la idea de proyectar la dimensión del alcance del proyecto.

La implantación de la metodología SMED debe afrontarse desde la perspectiva de la implantación de un proyecto y por lo tanto debe ser gestionado adecuadamente en cada una de sus etapas. El proyecto es un esfuerzo temporal con un principio y fin establecidos de acuerdo con las normas establecidas, en este caso, por la propia metodología.

La planificación es el proceso de ordenar las actividades cronológicamente asignando los recursos necesarios en cada fase del proyecto.

La planificación de SMED va ligada a cada una de las fases. Los recursos han de asignarse antes de empezar con el desarrollo del proyecto para poder secuenciar y estimar la duración de cada actividad.

Se desarrollará un calendario de actividades con el departamento de planificación, asignando horas de trabajo para las fases del SMED.

Una vez recopilados los requisitos, se diseña la planificación que nos servirá como referencia para controlar el inicio y fin de las actividades y prever desfases en función del desarrollo del proyecto.

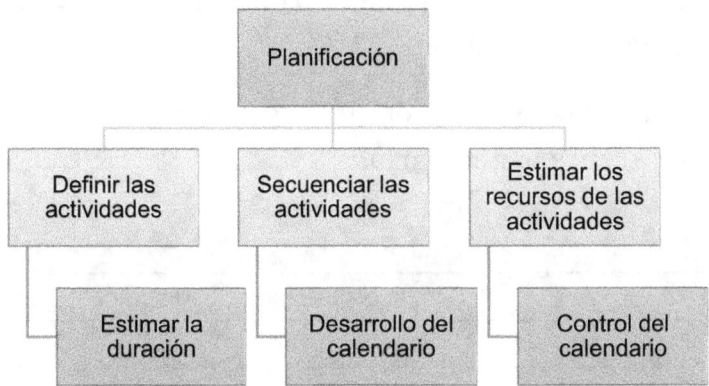

Definir las actividades.

Es el proceso de identificar las acciones específicas del proyecto. Las actividades proporcionan una base de estimación del tiempo y recursos necesarios para el desarrollo de la planificación cronológica y de la secuencia de las actividades.

Las actividades se definen en una lista con la duración estimada y recursos necesarios.

Actividad	Tiempo estimado	Recursos
Fase inicial		
Organizar el equipo	8h	Ing-Prod
Análisis de competencias	8h	RRHH
Definir KPI	4h	Adm-Prod-Dir
Formación	8h	RRHH
Fase preliminar. Observación		
Planificación de la producción	1h	Log
Grabación cambio de modelo	2h	Ing-Prod
Identificar operaciones IED-OED		
Visionado del video	8h	Ing-Prod-Mto-Cal-Log
Convertir IED en OED		
Propuestas de mejora	32h	Ing-Prod-Mto-Cal-Log
Organizar OED		
Propuestas de mejora	8h	Prod-Ing
Metodología	16h	Ing
Reducir IED		
Ejecución de mejoras técnicas	80h	Mto-Ing-Prod-(Proveed)

Desarrollar el cronograma

Es el proceso que consiste en analizar el orden de las actividades, recursos necesarios y restricciones para crear el cronograma.

Una vez que se ha definido la planificación, se presentará a todos los miembros del equipo y será comunicada a toda la Organización.

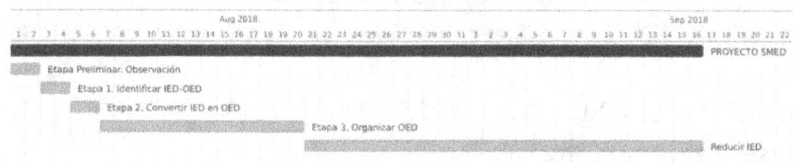

Gestión de las comunicaciones.

La Gestión de las Comunicaciones incluye los procesos para garantizar que la generación, almacenamiento y distribución de la información del Proyecto.

Los principales tipos de comunicación son;

<u>Internas</u>, a nivel interdepartamental. El flujo de La información deberá ser de tipo horizontal.

<u>Formales</u>, comunicación de instrucciones, métodos, estándares de proceso, etc...

<u>Escrita y verbal</u>, formación, nuevos procedimientos, presentaciones, etc...

Dentro de las habilidades de la comunicación se aplicará la escucha activa con especial atención a las propuestas de mejora que lleguen desde cualquier miembro del equipo.

Planificación y distribución de la información.

Planificar las comunicaciones es el proceso para determinar las necesidades de información. Quien, y cuando necesita la información, seleccionar el canal de comunicación, el origen y la persona responsable de emitirlas.

Para distribuir la información de manera eficaz tendremos en cuenta algunas técnicas como la elección del medio, estilo de redacción en función del objeto de la información, así como la organizar la agenda y planificación de las reuniones rutinarias o extraordinarias.

La gestión de las comunicaciones en un proyecto como el de la implantación de SMED es muy importante debido al gran volumen de comunicaciones que deberemos realizar a toda la Organización. El tipo de comunicaciones será de distinta índole, desde reportar el estado del proyecto a comunicar nuevos procedimientos de trabajo, reuniones, solicitar recursos para actividades de mejora, planificación de la producción, actividades de formación, etc...

El valor que podemos aportar haciendo una buena Gestión de las Comunicaciones depende de la calidad de las comunicaciones y de la eficacia de estas. El volumen de las comunicaciones no debe saturar las bandejas de entrada con sobre información.

Las convocatorias de reuniones se justifican cuando hay que revisar asuntos importantes que requieran de un objetivo de acuerdo con el plan de acciones.

Visual Management.

Es el medio por el cual se comunica en planta el estado del proyecto a toda la Organización. El tipo de comunicación es visual y debe permanecer actualizado.

El contenido debe resumir de forma clara y ordenada incluyendo la siguiente información.

- Título del Proyecto
- Equipo
- Objetivo
- Pérdida
- Planificación (Fases SMED)
- KPI
- Resultados

Es usual reservar alguna zona de la fábrica para plasmar la información en paneles. A menudo, la zona suele tener una mesa alta (sin sillas) para realizar reuniones rápidas con el equipo.

El Coordinador es el responsable de mantener la información actualizada cada vez que se produzca un cambio importante en el proyecto.

e-Visual Management

Es el medio por el cual se comunica de forma virtual, el estado del proyecto a toda la Organización. En realidad, es una evolución del Visual Managament adaptado a las tecnologías de la información. Tiene el valor añadido de poder incorporar elementos audiovisuales con acceso en cualquier momento desde cualquier dispositivo electrónico.

Para reservar la confidencialidad del proyecto, el departamento de IT provee de un servicio web de acceso restringido a miembros de la Organización.

Los contenidos son gestionados bajo el rol de Community Manager de la Organización, y es el responsable de crear, gestionar y administrar la información.

Los contenidos para el proyecto SMED pueden ser;

- Formación visual sobre la metodología SMED
- Videos grabados en la Fase de Observación.
- Gráficos de evolución de los indicadores
- Programación de actividades
- Mejoras implantadas con videos demostrativos.
- Centro de descargas de documentación

Coste de la pérdida.

Es el proceso por el cual se computa la pérdida económica, comparando el escenario actual sobre un ideal, donde el beneficio esperado será fijado como la meta-objetivo.

Todas las actividades que generan pérdidas se clasifican mediante un despliegue de costes donde, cada una de ellas, tendrá un valor económico en la unidad montearía en la que se opere. De esta forma, se puede analizar de forma clara, en qué y cuanto se valora la pérdida actual.

El desarrollo del SMED nos ayudará a convertir ahorros directos, tanto de las perdidas por máquina parada, como por la mejora general del proceso.

La mejora del proceso y de sus operaciones, tiene un ahorro potencial que también mejora los costes repercutidos a mantenimiento, por mejora de la calidad y por mejoras potenciales de nuevos desarrollos.

Por un lado, se calcula el tiempo total de máquina parada por cambios de modelo y por otro se analizan las pérdidas asociadas por tiempos de paro y averías que se han producido al haber realizado el cambio de modelo, es decir, determinar que pérdidas no se hubieran generado si no se hubiera realizado el cambio de modelo.

De esta forma, obtendremos un cálculo real de la pérdida de la situación actual y observaremos que probablemente sea mayor de lo que se pudiera prever en un principio.

Parámetros para el cálculo de la pérdida.

Ejemplo de aplicación:

El departamento financiero deberá calcular la pérdida desplegando los siguientes costes en el periodo de un año.

- Horas de cambio de modelo (año)
- Coste horario de la máquina
- Coste hora/operador
- Número de hombres en el cambio de modelo
- Tiempo de averías tras cambio de modelo
- Coste hora/hombre técnico Mto.
- Coste de materiales
- Costes de No calidad, chatarra generada por cambios de modelo

Ejemplo;

1	Horas de cambio de modelo (año)	100
2	Coste horario (€)	350
3	Coste hora / operador (€)	25
4	Hombres en cambio modelo	2
5	Averias tras cambio de modelo	20
6	Coste hora / técnico (€)	35
7	Coste materiales (€)	3500
8	Chatarra por cambio de modelo (Tons)	20
9	Precio chatarra (€)	200
	Coste total (€)	**55200**

Haciendo un resumen de los costes, agrupándolos por horas de paro máquina, horas hombre, chatarra y materiales, obtenemos el siguiente resultado:

1	Horas máquina parada	42000
2	Coste hora / hombre (€)	5700
3	Coste no calidad	4000
4	Materiales	3500
		55200

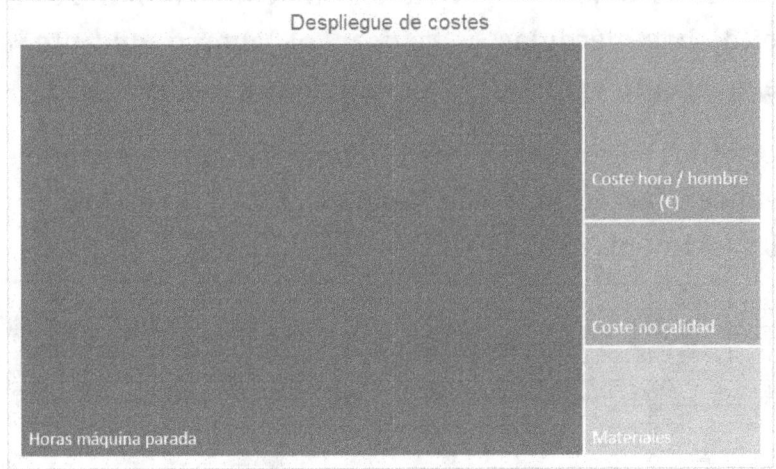

Ahorro potencial implantando SMED

Una vez definida la pérdida anual, realizaremos el cálculo potencial en función del ahorro de tiempo establecido en el objetivo.

El cálculo se realizará sobre el ahorro potencial de tiempo de máquina parada. Es difícil hacer una previsión del ahorro en el resto de los costes desplegados en la pérdida, sin embargo, es necesario establecer objetivos para la eliminación o minimización de dichas pérdidas y revisar el ahorro durante el seguimiento y posterior a la implantación de SMED.

Los ahorros se fijarán en el tiempo siempre y cuando se realicen las acciones de bloqueo para no revertir a la situación anterior.

	Situación actual	
1	Horas de cambio de modelo (año)	100
2	Número de cambios	150
3	Tiempo cambio actual	90
4	Coste horario (€)	350
5	Coste hora / operador (€)	25
6	Hombres en cambio modelo	2
7	Averias tras cambio de modelo	20
8	Coste hora / técnico (€)	35
9	Coste materiales (€)	3500
10	Chatarra por cambio de modelo (Tons)	20
11	Precio chatarra (€)	200
	Coste total (€)	55.200 €

	Objetivo	
1	Horas de cambio de modelo (año)	15
2	Número de cambios	150
3	Tiempo cambio objetivo	10
4	Coste horario (€)	350
5	Coste hora / operador (€)	25
6	Hombres en cambio modelo	2
7	Averias tras cambio de modelo	0
8	Coste hora / técnico (€)	35
9	Coste materiales (€)	0
10	Chatarra por cambio de modelo (Tons)	0,5
11	Precio chatarra (€)	200
	Coste total (€)	6.100 €

	Resumen Situación actual	
1	Horas máquina parada	42000
2	Coste hora / hombre (€)	5700
3	Coste no calidad	4000
4	Materiales	3500
		55.200 €

	Resumen Situación objetivo	
1	Horas máquina parada	5250
2	Coste hora / hombre (€)	750
3	Coste no calidad	100
4	Materiales	3500
		9.600 €

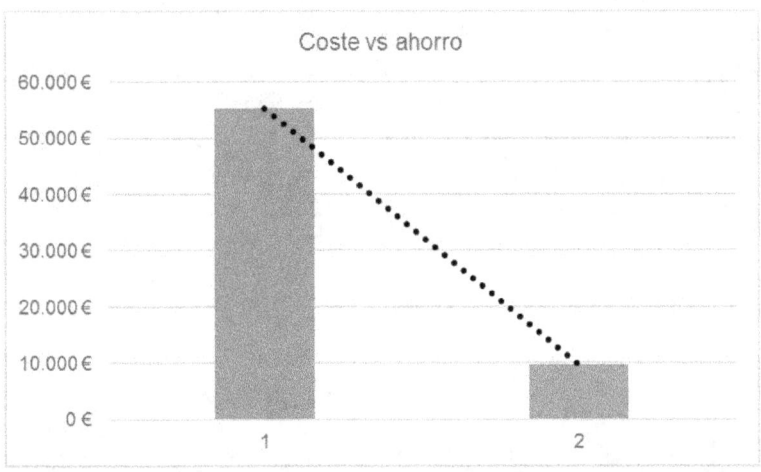

El objetivo de minimizar el tiempo de cambio a través de SMED debe ser ambicioso, para fijar el objetivo de acuerdo con la pérdida generada, se pueden establecer metas parciales hasta conseguir el objetivo e ir mostrando el ahorro mes a mes. Los datos deberán reflejarse en nuestro sistema de información en planta para que toda la Organización esté al corriente de los ahorros generados.

SMED. Implantación integral del sistema.

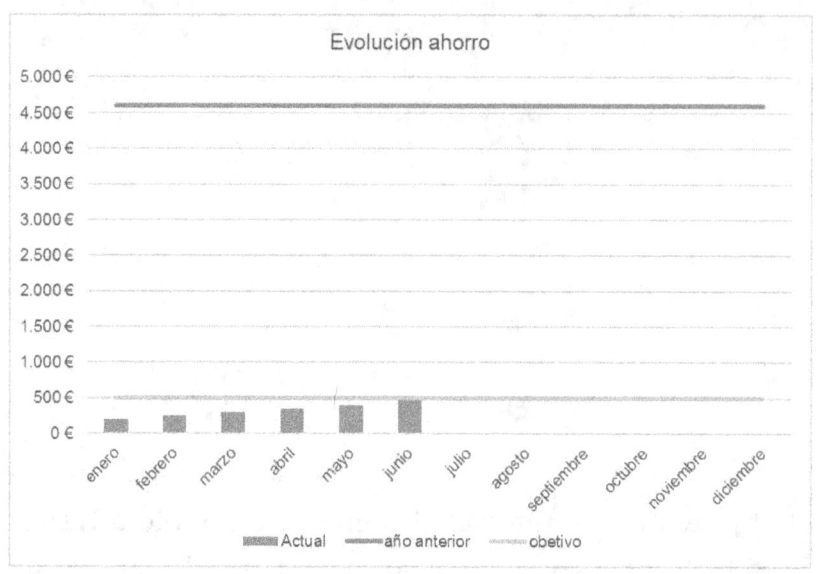

Previsión de la pérdida.

Las organizaciones realizan análisis de previsiones de ventas que les permiten realizar una estrategia a medio y largo plazo. En función del volumen de ventas, se determinan las estrategias operativas y funcionales para programar la producción de dichas previsiones de ventas.

Conociendo el escenario actual y aplicando esta misma base de analítica, pero esta vez, enfocándose en la pérdida, conoceremos la previsión de pérdidas que obtendremos, en un periodo determinado de tiempo.

Algunos de los costes que pueden tenerse en cuenta para el cálculo son los siguientes;

- Calcular el coste asociado al tiempo de cambio de modelo de una referencia en concreto y proyectarlo a lo largo de la vida del producto.

- Calcular la pérdida asociada al coste horario actual y proyectarlo a un número de años determinado.

- Calcular el coste anual de las mermas producidas por ajustes relacionadas con el cambio de modelo.

- Número de horas / hombre empleados al año en la realización de cambio de modelo en una máquina.

En definitiva, se trata de proyectar a futuro, teniendo una base objetiva, de cuáles serán las pérdidas de continuar con la situación actual.

KPI. Indicadores de desempeño.

KPI, del acrónimo en inglés *Key Performance Indicator* se puede traducir al castellano como Indicador clave de desempeño. Los indicadores nos permiten monitorizar la evolución de los objetivos que han sido definidos al inicio del proyecto y normalmente se expresan en porcentaje.

El objetivo de definir un KPI es mostrar la evolución del desempeño de la parte del proceso que queremos medir y mostrar un diagnóstico de la situación y evaluar el progreso de manera constante. También tienen un carácter motivador para el equipo al establecer un reto en la cumplimentación de los objetivos.

Para definir un Indicador, se suele utilizar el criterio SMART, del acrónimo en inglés Specific, Measurable, Relevant, Timely, es decir, específicos, medibles, relevantes y temporales.

Si durante el monitoreo del indicador, el desempeño no muestra los datos esperados, se revisará el plan de acciones o la estrategia de actuación para reconducir las desviaciones oportunas. En un proyecto como SMED, es importante realizar un despliegue de indicadores de cada mejora que se decida implantar y seguir el indicador en cada cambio de modelo.

Los indicadores, normalmente se expresan en porcentaje, en el caso de la implantación de SMED, es bueno reflejar en el indicador el tiempo que se estima reducir, de tal forma que el valor que se mide pueda ser valorado e interpretado de la forma más objetiva posible.

Como ya hemos visto, los ahorros de tiempo se traducen directamente en ahorros económicos, por tanto, es importante que el indicador muestre también el ahorro económico que ha arrojado la mejora. Además, nos servirá para comprobar el retorno de la inversión que pueda haberse realizado.

En el cuadro de indicadores reflejaremos los indicadores particulares de cada acción ó mejora realizada además del indicador general de tiempo total del cambio de modelo, de modo que podemos medir si el tiempo parcial de cada tarea es constante durante la realización del cambio o si por el contrario existen fluctuaciones que inciden en el tiempo total del cambio.

Si sólo monitoreamos el tiempo total del cambio, no podremos analizar en qué tarea se producen las desviaciones y resultará muy complicado realizar un análisis objetivo de la evolución del cambio.

Cuadro de indicadores

A continuación, se muestra un ejemplo de un cuadro de indicadores general de la evolución del tiempo de los cambios de modelo teniendo en cuenta los siguientes KPI:

- Numero de cambios
- Tiempo de las operaciones OED
- Tiempo de las operaciones IED

Los objetivos se han propuesto de forma progresiva hasta alcanzar el objetivo final que deberá ser estable en el tiempo.

En los cuadros de indicadores es común encontrar un campo de Observaciones donde se describen los motivos por los cuales no se consiguen los objetivos, en este caso, se habilita un campo para introducir el número de informe donde se reportan las incidencias de cada cambio de modelo. En la gráfica se puede analizar la evolución del cambio de manera visual.

Indicador General CM							
CM Nº	t OED (min)	t Objetivo OED (min)	Desviación (min)	t IED (min)	t Objetivo IED (min)	Desviación (min)	Observaciones en Report CM Nº
1	35	30	5	35	25	10	001
2	33	30	3	32	25	7	002
3	34	30	4	33	25	8	003
4	30	30	0	34	25	9	004
5	25	25	0	30	20	10	005
6	25	25	0	25	20	5	006
7	22	25	-3	20	20	0	007
8	20	25	-5	20	20	0	008
9	20	20	0	20	15	5	009
10	20	20	0	17	15	2	010
11	18	20	-2	22	15	7	011
12	22	20	2	15	15	0	012
13	20	20	0	15	10	5	013
14	17	20	-3	12	10	2	014
15	20	20	0	13	10	3	015
16	20	20	0	11	10	1	016
17	20	20	0	10	10	0	017
18	20	20	0	10	10	0	018
19	20	20	0	10	10	0	019
20	20	20	0	10	10	0	020

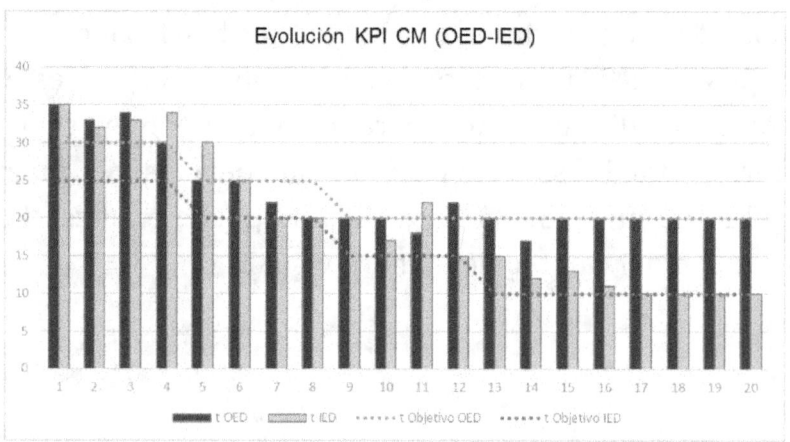

El siguiente ejemplo es de Indicadores específicos sobre el seguimiento del desempeño de las mejoras que se han introducido en el sistema, las de tipo organizativo y técnicas.

Evolución KPI operaciones OED

	Indicador específico tareas OED CM											
CM Nº	Preparación materia prima (min)	t Objetivo (min)	Desviación (min)	Preparación utillajes (min)	t Objetivo (min)	Desviación (min)	Preparación herramientas (min)	t Objetivo (min)	Desviación (min)	Preparación documentación (min)	t Objetivo (min)	Desviación (min)
1	35	10	25	35	15	20	8	5	3	20	12	8
2	33	10	23	32	15	17	7	5	2	18	12	6
3	34	10	24	33	15	18	8	5	3	16	12	4
4	30	10	20	34	15	19	6	5	1	17	12	5
5	25	8	17	30	12	18	7	5	2	12	10	2
6	25	8	17	25	12	13	6	4	2	11	10	1
7	22	8	14	20	12	8	5	4	1	10	10	0
8	20	8	12	20	12	8	5	4	1	8	10	-2
9	20	6	14	20	11	9	4	4	0	11	10	1
10	20	6	14	17	11	6	5	3	2	8	6	2
11	18	6	12	22	11	11	4	3	1	7	6	1
12	22	6	16	15	11	4	5	3	2	5	6	-1
13	20	5	15	15	11	4	4	3	1	7	6	1
14	17	5	12	12	10	2	3	3	0	5	6	-1
15	20	5	15	13	10	3	3	3	0	6	6	0
16	20	5	15	11	10	1	3	3	0	6	6	0
17	20	5	15	10	10	0	3	3	0	6	6	0
18	20	5	15	10	10	0	3	3	0	6	6	0
19	20	5	15	10	10	0	3	3	0	6	6	0
20	20	5	15	10	10	0	3	3	0	6	6	0

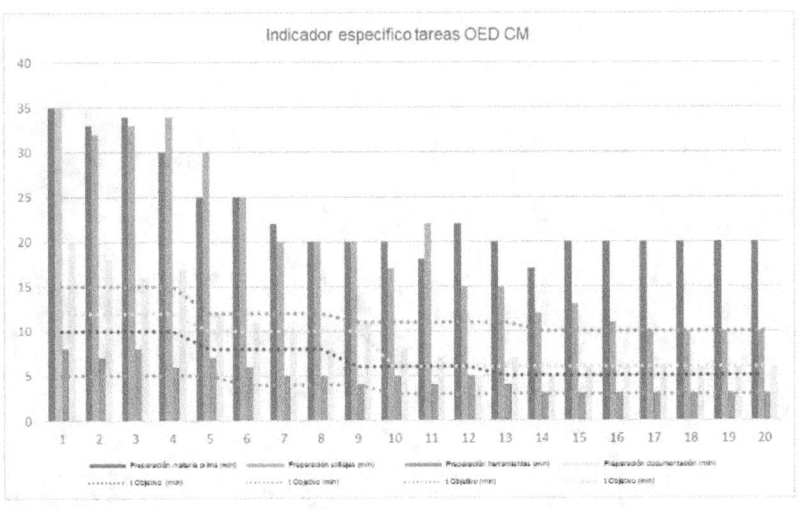

Indicador específico tareas OED CM

Evolución KPI operaciones IED

CM Nº	Cambia topes (min)	t Objetivo (min)	Desviación (min)	Cambiar ventosas (min)	t Objetivo (min)	Desviación (min)	Medir distancia A-B (min)	t Objetivo (min)	Desviación (min)	Colocar perno P (min)	t Objetivo (min)	Desviación (min)
1	5	4	1	5	3	2	2	1	1	4	2	2
2	6	4	2	4	3	1	2	1	1	3	2	1
3	6	4	2	5	3	2	2	1	1	4	2	2
4	7	4	3	6	3	3	2	1	1	5	2	3
5	5	4	1	4	3	1	3	1	2	5	2	3
6	3	4	-1	3	3	0	2	1	1	6	2	4
7	5	4	1	5	3	2	2	1	1	2	2	0
8	4	4	0	3	3	0	3	1	2	3	2	1
9	3	4	-1	3	3	0	1	1	0	2	2	0
10	7	4	3	4	3	1	1	1	0	3	2	1
11	6	4	2	3	3	0	1	1	0	3	2	1
12	4	4	0	4	3	1	1	1	0	2	2	0
13	4	4	0	4	3	1	1	1	0	2	2	0
14	4	4	0	3	3	0	1	1	0	2	2	0
15	4	4	0	3	3	0	1	1	0	3	2	1
16	4	4	0	3	3	0	1	1	0	2	2	0
17	4	4	0	3	3	0	1	1	0	2	2	0
18	4	4	0	3	3	0	1	1	0	2	2	0
19	4	4	0	3	3	0	1	1	0	2	2	0
20	4	4	0	3	3	0	1	1	0	2	2	0

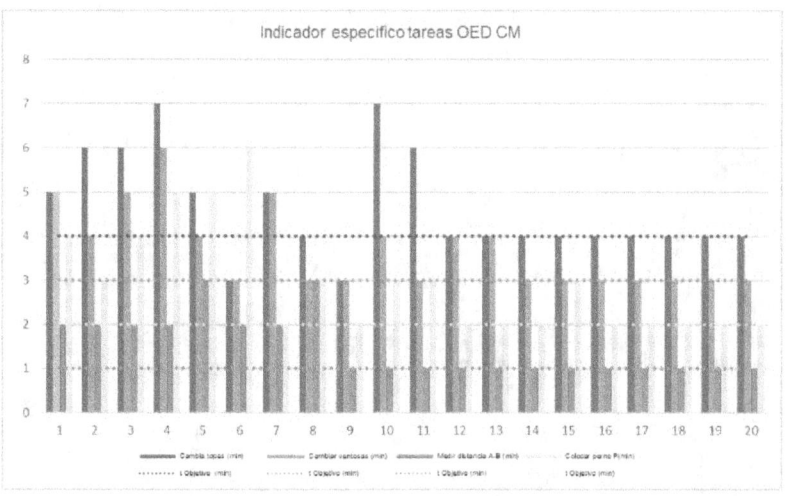

Indicador específico tareas OED CM

Ideas de mejora.

La generación de nuevas ideas es el proceso más creativo que desarrolla el equipo durante el proyecto. El proceso puede ser controvertido si no se gestiona adecuadamente, es un momento en el cual se generan muchas ideas de diversa índole, ideas de carácter de innovación incremental o radical.

Por definición, la metodología SMED propone realizar mejoras incrementales, generalmente de bajo coste, como por ejemplo la inclusión de Poka Yokes en elementos de amarre, rediseño de utillajes, unificación de utillajes para varios modelos, etc...

Sin embargo, en función del objetivo que se pretenda alcanzar, será necesario acometer mejoras más evolucionadas que cambien el propio diseño base de la máquina, incorporación de automatismos, cambios de la tecnología existente, etc...

Innovación incremental.

Se entiende como innovación incremental, la mejora de un proceso que aumenta su eficiencia de manera progresiva, fruto de la aplicación de mejoras pequeñas desarrolladas bajo el concepto de la mejora continua. A través de la puesta en marcha de un número determinado de mejoras incrementales, se pueden conseguir determinados objetivos que permitan reducir el tiempo de cambio.

Las ventajas de las mejoras basadas en la mejora continua es que son de coste reducido y pueden aplicarse en procesos similares mediante despliegue horizontal. Los inconvenientes pueden encontrarse en relación con el objetivo planteado, si el objetivo es muy ambicioso, es probable que la mejora incremental sea insuficiente para lograr los objetivos.

La primera regla para la gestión de las ideas de mejora es no rechazar ninguna, bajo ningún concepto, durante el proceso de generación de ideas. Si comenzamos rechazando ideas desde un primer momento, coartaremos la creatividad del equipo, poniendo freno al desarrollo de nuevas ideas.

Innovación radical.

La mejora radical se basa en la transformación del proceso a través de la sustitución de máquinas e incorporación de nuevas tecnologías.

La actualización de equipos productivos obsoletos es una ventaja, no solo de cara a conseguir los objetivos, sino también para reducir costes propios de la obsolescencia y competir con la tecnología con la que pueda contar nuestro competidor.

Los inconvenientes los podemos encontrar en la servidumbre que genera afrontar el proyecto de acuerdo con la inversión, disponibilidad de los recursos, plazos de entrega normalmente altos, puesta en marcha de los equipos y formación.

Mejora Continua. Herramientas.

Las herramientas de mejora continua forman parte de la estrategia de las Organizaciones para llevar a cabo la mejora de los productos, procesos y servicios. Se establecen mejora de procesos asociados a las operaciones logísticas, productividad, servicio al cliente, calidad de embalajes, etc.

Durante la implantación de SMED, servirán de ayuda para canalizar el volumen de ideas, fruto de la fase de análisis de las operaciones IED y OED.

Las herramientas de mejora continua son sencillas de comprender, fáciles de utilizar y de sentido común.

Sin embargo, es importante seguir tal y como se describen las etapas del método de cada herramienta, con el objetivo de conseguir el mejor resultado posible.

Durante esta fase, las personas desarrollan sus aptitudes creativas durante su exposición. Es muy importante tener en cuenta que, por transgresoras o inalcanzables que puedan parecer, ni se coaccionará la libertad de cada cual, ni se rechazaran ninguna de las ideas, asumiendo desde el inicio que todas son válidas, de hecho, encontraremos un ámbito de creatividad innovador si sabemos canalizar y ordenar cada una de las ideas propuestas del equipo.

A continuación, describiremos el funcionamiento de las herramientas más usuales que se practican en las organizaciones que basan su modelo productivo bajo la perspectiva de la mejora continua.

Brainstorming 635

El Brainstorming es una herramienta de generación de ideas muy creativa que normalmente se emplea al inicio de la fase de análisis de las IED. También se suele utilizar cuando nos damos con la solución de un problema, que ha pasado por distintas fases de análisis y no se da con la solución óptima, entonces se recurre a la creatividad del equipo para encontrar ideas nuevas que puedan resolver el problema desde un punto de vista distinto.

El Brinstorming 635 es un método colaborativo que permite basarse en ideas individuales que ha propuesto un compañero del equipo. El funcionamiento es muy sencillo, se trata de formar un equipo de **6** personas, las cuales escriben **3** ideas en un papel con un límite de **5** minutos de tiempo. Una vez que cada miembro del equipo ha escrito sus tres ideas, le pasará el papel a su compañero de la derecha. De esta forma, cada miembro del equipo leerá las ideas del compañero, de tal manera que tendrá la posibilidad de inspirarse para perfilar dichas ideas o seguir aportando unas nuevas.

El proceso seguirá hasta que termine la rueda, de tal forma que al final del ciclo, habremos obtenido un buen número de ideas en un tiempo relativamente corto. El número de miembros del equipo es meramente representativo, por motivos operativos, no conviene realizar el método con menos de tres personas ni mayor de seis.

En la segunda fase se seguirán los siguientes pasos:

- A continuación, se hará un listado de todas en una pizarra, cada miembro del equipo explicará o resumirá el concepto de la idea.

- Es lógico, que haya ideas que se repitan o guarden gran similitud, en ese caso, se anotará un punto en la lista cada vez.

- Una vez completado el listado con todas las ideas, se comenzará una votación para valorar la relevancia de cada idea en función del problema definido.

- Al final del ejercicio obtendremos un ranking con ideas para comenzar a desarrollar.

Es importante que cada idea sea analizada con otra herramienta en función del tipo de mejora. Si el número de mejoras es elevado será interesante tener un criterio que permita dar prioridad a cada una de ellas. En el capítulo siguiente hablaremos de la herramienta ICE que nos ayudará a ordenar un listado de actuación en función de varios criterios de priorización. Dicha herramienta puede formar parte como la tercera fase del método 635.

PDCA (Círculo de Deming)

El impulsor del PDCA fue Edwards Deming, estadístico estadounidense y difusor del concepto de Calidad Total.

PDCA forma de cuatro fases, acrónimo en inglés, Plan Do Check Act, es decir, planificar, hacer, verificar y actuar.

Una vez que tenemos el problema definido y focalizado, deberemos desarrollar las siguientes fases:

Planificar:

- Establecer los objetivos que queremos alcanzar.
- Definir un cronograma.
- Formar un equipo.
- Organizar las fases de la mejora.
- Asignar recursos para cada fase.

Hacer:

- Implementar las acciones de mejora propuestas por el equipo.

Verificar:

- Chequeo de la efectividad.
- Establecer herramientas de control para realizar seguimiento de los resultados de la mejora en función del objetivo.
- Si no se consiguen los resultados esperados, tomar las acciones necesarias para cambiar modificar la mejora inicial.

Actuar:

- Implementar acciones de bloqueo para no revertir la situación anterior.
- Realizar estándares de funcionamiento.
- Realizar procedimientos de trabajo.
- Realizar formación a todos los interesados.
- Realizar estándares de mantenimiento preventivo.
- Realizar despliegue horizontal a otras partes del proceso análogas o máquinas.

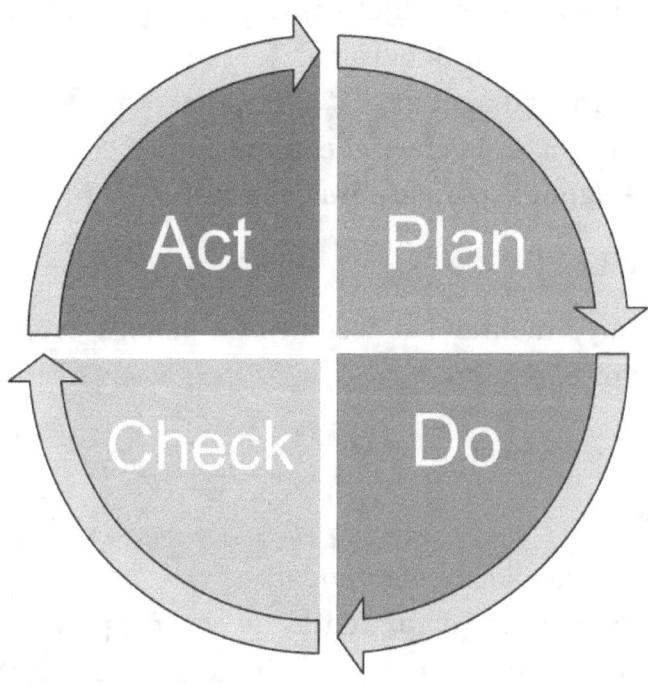

DMAIC (Mejora procesos incremental)

La herramienta DMAIC, o ciclo DMAIC, responde al acrónimo en inglés de Define, Measure, Analyze, Improve y Control, es decir, definir, medir, analizar, mejorar y controlar.

El método guarda gran similitud con el PDCA, sin embargo, modifica las etapas añadiendo más fases para el análisis, implementación y control.

Definir:

- Definir el problema
- Establecer objetivos

Medir:

- Realizar mapas de proceso indicando donde se produce el problema y de donde vienen las posibles causas.

- Comprobar la capacidad del proceso.

- Recopilar datos estadísticos y analizar comportamiento del proceso por periodos.

Análisis:

- Realizar AMFE de proceso.

- Observar la variabilidad del proceso con datos recogidos en la fase de medición, y relacionarlos con la probabilidad de los modos de fallo.

Mejorar:

- Implementar las acciones de mejora propuestas por el equipo.

Controlar:

- Chequeo de la efectividad.

- Establecer herramientas de control para realizar seguimiento de los resultados de la mejora en función del objetivo.

- Si no se consiguen los resultados esperados, tomar las acciones necesarias para cambiar modificar la mejora inicial

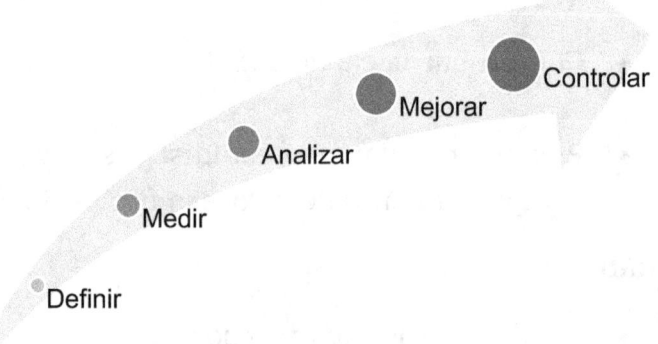

Círculo de Ohno

Taiichi Ohno, Ingenierio industrial japonés, nació en Dalian, (China) en 1912.

Es conocido por impulsar el sistema Just In Time (JIT) en Toyota donde desarrollo la mayor parte de su carrera ocupando varios puestos de responsabilidad. Llegó a alcanzar la vicepresidencia de la compañía hasta su retiro, donde permaneció ocupando un puesto en el Consejo de Administración hasta su fallecimiento en 1990.

Taiichi practicaba la observación de los procesos de manera constante, cuando hacía sus rondas por la fábrica y encontraba un supervisor que no podía comprender porque su máquina funcionaba incorrectamente, dibujaba un círculo en el suelo con una tiza y le hacía permanecer delante hasta que llegara a encontrar la causa raíz del problema.

Aunque la idea de dibujar un círculo en el suelo pueda parecer un tanto extravagante, lo importante es entender la simbología de fomentar la observación estando concentrado en los acontecimientos que suceden durante el proceso productivo.

Los resultados que se obtienen son realmente interesantes, beneficiosos para el proceso y para el propio trabajador, ya que fomenta el autoaprendizaje basado en la observación.

La idea básica sobre la que se apoya el "Círculo de Ohno" es la de observar los procesos productivos con el fin de comparar lo que está ocurriendo y lo que debería ocurrir.

La observación ha de ser el primer paso para poder decidir qué hacer y por dónde empezar.

Las características principales de esta técnica son:

- Quien la lleva a cabo es algún miembro de departamentos técnicos.

- Se realiza una vez cada tres semanas

- La duración de su ejecución es de aproximadamente una hora, aunque habrá un trabajo posterior de las acciones que haya que implementar.

- Para el análisis de las mejoras se aplican herramientas como Quick Kaizen, PDCA, etc...

Técnica:

- Seleccionar la zona objeto de estudio

- Preparar un formato con una tabla con dos columnas para anotar las observaciones

- La persona se coloca delante del puesto a observar dentro de un círculo imaginario.

- El técnico observa la zona de trabajo, desarrollo de las operaciones, material, etc...

- Se fija en temas organizativos, seguridad y busca despilfarros.

- Ha de ir descubriendo de 10 a 15 cosas que podrían mejorarse durante los primeros 30'

- Anota cada observación en una línea de la columna de la izquierda

- Los 30' siguientes anota una posible solución en cada línea en la columna de la derecha.

- A continuación, se reúne con su responsable para analizar todas las propuestas de mejora.

Se estudia la viabilidad y se prepara un plan de acciones que ha de cerrarse en las 3 semanas siguientes.

Los 7 despilfarros de Ohno

Una guía de referencia para desarrollar el Círculo de Ohno es tener en cuenta los siete tipos de despilfarros propuestos por Ohno.

Se entiende como despilfarro aquella operación que no agrega valor añadido al producto, aquello por lo que el cliente no está dispuesto a pagar.

A través de un mapa de flujo de valor se pueden identificar todas las acciones necesarias para diseñar y fabricar un producto específico haciendo una clasificación en tres categorías:

a) Aquellas que agregan valor de acuerdo con la percepción del consumidor.

b) Aquellas que no crean valor, pero sin embargo son necesarias para el desarrollo del producto.

c) Aquellas acciones que no crean valor y que pueden eliminarse inmediatamente.

Dentro de esta categorización, encontramos la clasificación de los siete despilfarros de Ohno los cuales se resumen a continuación;

1. Sobreproducción

Procesar productos antes del momento que sea necesario o en mayor cantidad a la requerida por el cliente.

2. Tiempo

Retraso de las operaciones del proceso, material, tiempos de espera, averías, etc.

3. Transporte

Los movimientos de materiales tienen un coste añadido, hay que conseguir que los materiales fluyan rápidamente hacía los procesos de fabricación.

4. Procesos

Se refiere en términos generales al sobreprocesamiento y a las pérdidas generadas por procesos desajustados, cuellos de botella, etc.

5. Inventario

Excesivo stock de materia prima y/o producto terminado. Cualquier movimiento en la cadena logística supone un coste directo en el producto.

6. Movimientos

Se refiere a los movimientos de piezas dentro del puesto de operación y desplazamientos del personal.

7. Defectos

La fabricación de piezas defectuosas supone uno de los costes más altos del proceso de fabricación, no solo por el coste en sí mismo del valor del producto cuando se ha chatarreado sino también por el coste asociado al proceso de clasificación, inspección y retrabajos.

Mapas de círculos.

De acuerdo con identificar las zonas de los procesos observados, se realiza un layout de la máquina identificando la posición de las zonas seleccionadas para la observación. Es una forma visual de mostrar que zonas han sido analizadas.

También se pueden identificar las zonas colocando círculos adhesivos en el suelo.

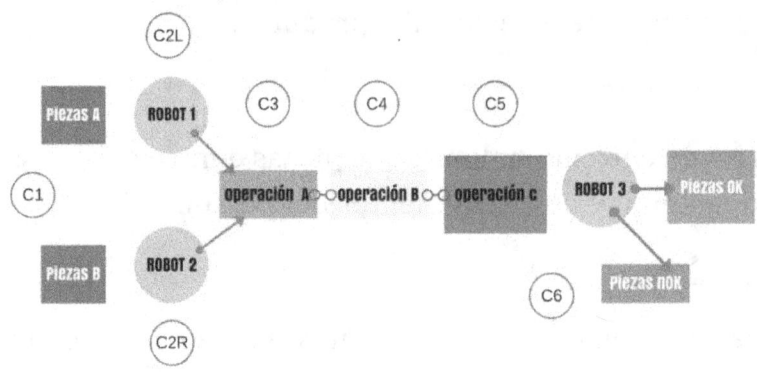

Es recomendable llevar esta información a un panel de seguimiento en planta, aportando documentos de las mejoras, así como el estado de estas.

Proceso

Es necesario establecer un proceso para canalizar las propuestas de mejora, realizar una selección y asignar los recursos para su puesta en marcha.

El observador envía las mejoras a un comité de análisis que estará formado por el equipo SMED y técnicos de Ingeniería de Procesos.

Las ideas seleccionadas se envían al Jefe de Operaciones para asignar los recursos necesarios.

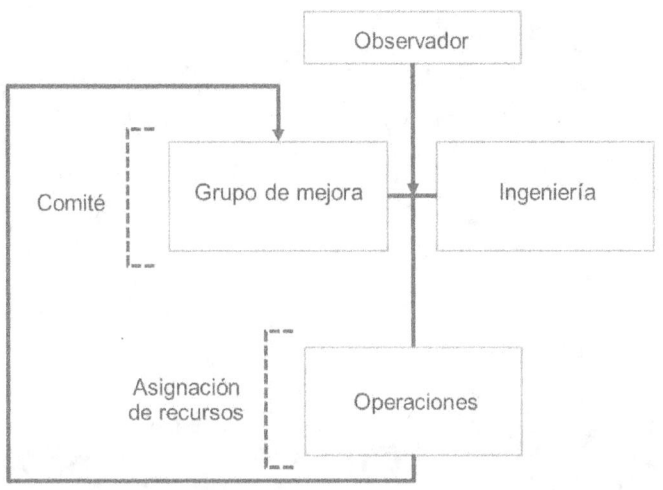

Informe A3 Toyota.

El informe A3 Toyota es un proceso de gestión de mejora continua que se desarrolló en Toyota, recibe su nombre por la hoja tamaño A3, utilizada como formato y soporte para la realización de la herramienta.

Se trata de un método de tipo colaborativo, donde se promueve el pensamiento lógico y objetivo, hasta encontrar la solución de los problemas del proceso.

La hoja se divide en siete secciones, que deben rellenarse en el orden descrito trabajando sobre cada uno de ellos.

1. <u>Definición del problema.</u>

Definición clara y concisa del problema.

Realizar toma inicial de datos objetivos para tratar de cuantificar el origen del problema.

2. <u>Situación actual</u>

El problema se produce en alguna de las operaciones o fases del proceso.

Utilizar esquemas y diagramas para representar gráficamente el estado actual.

3. Análisis de las causas

Mostrar gráficamente análisis y conclusiones: Why-why, Ishikawa...

4. Situación objetivo

Representar gráficamente cuál sería la situación ideal, incluyendo los mismos indicadores que en la "situación actual".

Por otra parte, establecer un KPI que permita realizar el seguimiento del resultado de las acciones.

5. Plan de Acción

Una vez que se obtiene la descripción del problema, identificadas las causas y cuál es el objetivo, corresponde definir las acciones indicando quién hace qué, cómo y cuándo.

6. Seguimiento

El Informe A3 también ha de servir para poder ver en todo momento en qué situación están las acciones definidas, cuál es el objetivo de las acciones mostrando la evolución del KPI.

7. Resultados

El cierre del informe es una fase esencial de la herramienta, en donde se debe mostrar el resultado de las acciones de forma que podamos tener las conclusiones que puedan extenderse a otro tipo de problemas similares.

INFORME A3 TOYOTA	
1. Definición del problema	5. Plan de acción
2. Situación actual	
3. Análisis de las causas	6. Seguimiento
4. Objetivo. KPI	7. Cierre y resultados.

Ejemplo plantilla

Elección por priorización (ICE)

(ICE) del acrónimo en inglés de: Imact, Cost, Easyness)

Es el proceso por el cual se establecen criterios objetivos de priorización sobre una lista de propuestas seleccionadas para su aplicación.

Los términos objetivos para su selección se basan en el impacto, coste económico y facilidad de la implantación.

Los tres valores se ponderan para obtener un peso específico.

Impacto: Cuanto mayor sea el impacto en términos de retorno de la mejora, mayor número de puntuación.

Coste: Cuanto menor sea el coste de la implantación mayor será el número de puntuación.

Facilidad: Cuanta más facilidad en la implantación de la mejora, mayor será el número de puntuación.

Una vez obtenido el peso específico de cada mejora, se asignará un nivel de prioridad para trasladarlo al plan de acciones.

En caso de que haya varias mejoras con el mismo rango de prioridad, se podrá efectuar una nueva clasificación en función de los criterios específicos, bien sea por la afección en el impacto, coste o facilidad.

SMED. Implantación integral del sistema.

ID	Mejora	DESCRIPCIÓN	ANÁLISIS PRIORIDAD				PRIORIDAD
			I	C	E	Total	
1	Acercar herramientas	Acercar herramientas al puesto para mejor acceso	8	8	9	8	2
2	Clasificar herramientas	Hacer lista de las herramientas necesarias	8	10	10	9	1
3	Acercar utillajes	Acercar utillajes al puesto para mejor acceso	8	9	5	7	3
4	Unificar base para intercambiar solo prensa	Comprar prensa	10	1	1	4	4
8	No colocar los cuatro tornillos	2 tornillos	6	10	10	9	1
6	Poka yoke en la base	Elimina los tornillos del utillaje	10	9	8	9	1
7	Amarre rápido del tornillo	Esparrago con un tornillo moleteado	8	10	10	9	1
8	Tope para registrar o registro en negativo	Elimina comprobocación de la medida	10	7	8	8	2

Análisis financiero las inversiones.

El proceso de analizar la rentabilidad de las inversiones permite calcular el tiempo de retorno de la inversión. Ante un escenario con varias alternativas, nos permitirá decidir sobre la inversión más adecuada desde el punto de vista financiero. También pueden existir criterios estratégicos por los cuales la Compañía puede decidir invertir en el desarrollo de una mejora o una nueva tecnología, normalmente relacionadas con la obsolescencia de los equipos o por estar al nivel tecnológico que demanda el mercado.

Aunque hay algunas normas financieras que fijan los parámetros estándar para los periodos del retorno de la inversión o la rentabilidad que arrojará la inversión, son las propias Compañías quienes fijan los criterios de decisión.

En un proyecto SMED, no se suelen acometer grandes inversiones, ya que la filosofía, propone realizar pequeñas mejoras y de coste bajo. Sin embargo, si el objetivo de reducción del tiempo de cambio de modelo es ambicioso, es posible que debamos acometer inversiones en automatización de procesos, nuevas instalaciones, incorporación de robótica o automatismos.

Para iniciar un estudio financiero lo más exhaustivo posible, se creará una comisión formada por miembros del Departamento de Ingeniería y del departamento Financiero, donde se distinguen roles autónomos bien diferenciados, Ingeniería deberá aportar un proyecto estructurado en base al despliegue de la ganancia potencial que será cruzado con la matriz de pérdidas del Departamento Financiero. De esta forma, se tendrán criterios de decisión objetivos para defender las inversiones propuestas al equipo directivo de la Compañía.

La inversión se define como el incremento neto de capital, pueden ser de renovación, de modernización o estratégicas.

VAN

El VAN de una inversión es el valor actualizado de todos sus beneficios esperados, es decir, el cash Flow esperado, y viene dado por la siguiente fórmula:

$$VAN = -S_0 + \frac{Q_1}{(1+K_1)} + \frac{Q_2}{(1+K_1)(1+K_2)} + \ldots + \frac{Q_n}{(1+K_1)(1+K_2)\ldots(1+K_{n1})}$$

Siendo K_i el de tipo descuento o de interés anual para el año i.

Invertiremos siempre que el valor actual neto de la inversión sea positivo. En un proceso de selección de inversiones, elegiremos aquella cuyo valor actual neto sea mayor.

TIR

La tasa interna de rendimiento (TIR) o tasa de retorno de la inversión, es el tipo de descuento para el cual el VAN de la inversión es nulo (r)

$$VAN = -S_0 + \sum_{j=1}^{n} \frac{Q_j}{(1+r)^j} = 0$$

r es el tipo máximo de interés que puede pagar un inversor para no perder ni ganar dinero si todos los fondos para financiar la inversión fueran ajenos y se amortiza la deuda con os flujos de caja obtenidos. Sólo se aceptará la inversión si la tasa de rendimiento interno del proyecto es positiva y mayor que la tasa de descuento o coste de financiación del proyecto K.

El valor actual neto y la tasa de retorno no son criterios sustitutivos, sino más bien complementarios. El VAN mide la rentabilidad absoluta de la inversión mientras que el TIR mide las rentabilidades anuales.

SMED. Implantación integral del sistema.

Mejora del MTBF

El MTBF es el acrónimo de Mean Time Between Failures, es decir, medio tiempo entre fallos.

El MTBF es el indicador que mide el tiempo entre paradas debido a una interrupción en una parte del proceso productivo, bien sea por averías o por errores en los procesos automáticos. Se miden paradas cuando el tiempo de interrupción supera el 20% del tiempo de ciclo previsto para el proceso. Estas paradas se consideras pequeñas paradas o micro paradas.

Las averías que requieren de una intervención rápida para el restablecimiento de las condiciones suelen asociarse a problemas de desgaste de piezas mecánicas, ajustes de posicionamiento o rotura de pequeños utillajes.

Los cambios de utillajes por cambio de modelo no deben ser considerados como tiempo de parada, sin embargo, las paradas que ocasionan dichos utillajes se considera tiempo de parada, por tanto, un cambio de modelo mal realizado, también tiene una repercusión directa sobre el MTBF, generalmente podemos encontrar reincidencia en ajustes de los utillajes, utilización de utillajes sin el chequeo de mantenimiento preventivo realizado antes del cambio de modelo, incorrecta utilización del equipo, parámetros inadecuados, etc...

Durante la fase del estudio de SMED, encontraremos mejoras relacionadas con la parte de la organización del mantenimiento preventivo, así como mejoras de diseño, que permitan aumentar el MTBF, por ejemplo;

- frecuencia de la revisión de los utillajes.
- revisión de los estándares de apriete.
- revisión de la frecuencia de engrase.
- sustitución de elementos obsoletos.
- Rediseño de elementos de desgaste.

Cálculo del MTBF

$$MTBF = \frac{OT}{nP} = \frac{Tiempo\ de\ Operación}{n\ Paradas}$$

El MTBF tiene una implicación directa en el indicador global de la eficiencia del equipo OEE, de modo que a mayor MTBF mejor tasa de Disponibilidad.

Para hacer un seguimiento del MTBF, no se tendrá en cuenta exclusivamente el indicador de la tasa de Disponibilidad del OEE, sino que se realizará un despliegue de indicadores particulares de aquellas mejoras seleccionadas para la mejora del MTBF, de tal forma que nos permitirá extraer conclusiones sobre la eficiencia de las acciones realizadas.

Lote óptimo.

La sobreproducción es un coste derivado de fabricar mayor cantidad de la exigida por la demanda. Es una situación crítica ya que puede parecer que todo funciona adecuadamente y no se dedica atención a detectar las mejoras del proceso.

Producir en exceso incurre en costes de la adquisición de la materia prima para elaborar los productos, así como el coste de oportunidad que representa la inversión de ese capital.

También produce un coste de almacenamiento, las existencias por si mismas no producen valor añadido, el almacenamiento de los productos ocupan superficie de almacén, así como los pallets, el propio embalaje, estanterías, maquinaria para la manipulación y transporte, así como el coste de horas – hombre empleadas en la gestión el almacén.

Los mantenimientos de los stocks pueden producir problemas de calidad y obsolescencia. Los productos se pueden deteriorar debido al paso del tiempo, condiciones climáticas del almacén, del estado de las instalaciones, por ejemplo, oxidación, cambio en las propiedades de los materiales, así como daños en el transporte por cambios de ubicación. Si se produce un cambio en las especificaciones del producto, podemos encontrarnos con productos sin posibilidad de dar salida al mercado, convirtiéndose en productos obsoletos.

Por tanto, es importante encontrar un equilibrio para encontrar un tamaño de lote óptimo para obtener un equilibrio en la planificación de la producción.

El lote óptimo es un modelo para el control de inventarios teniendo en cuenta la demanda, el coste de inventario y el coste de fabricación del pedido, lo cual produce un resultado en la cantidad óptima de unidades a fabricar para minimizar el coste total. El modelo se basa en encontrar el equilibrio entre el coste de inventario y el coste de fabricación.

El modelo fue desarrollado por el ingeniero Ford Whitman Harris en 1913, sin embargo, fue R. H. Wilson analizó el modelo en profundidad llevándolo a la práctica, quien lo popularizó en un artículo en 1934.

El cálculo de la rentabilidad del tamaño de lote depende en gran parte del tiempo que se dedica a realizar el cambio de modelo, luego cuanto mayor sea el tiempo de cambio, mayor deberá ser el tamaño del lote.

Si recalculamos el tamaño de lote, una vez aplicado el SMED, repercutiremos un ahorro directo a la empresa en los aspectos antes citados.

El lote económico (Q_e) es la cantidad ideal por solicitar desde el punto de vista económico teniendo en cuenta el valor de los artículos, el coste de su adquisición y el coste de su almacenaje.

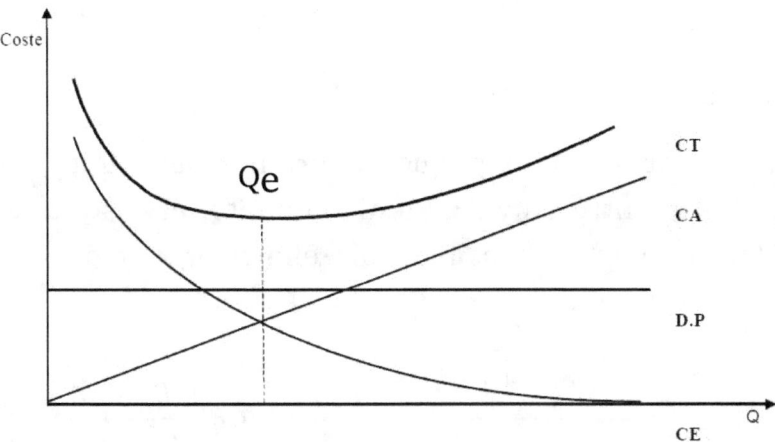

Los costes para tener en cuenta son;

CA → Coste de almacenamiento por unidad
CE → Coste de formular un pedido. Su peso total será;

$$CE = \frac{D}{Q}$$

$D * P$ → Coste de adquisición

CT → Coste anual

$$CT = D * P + CE\frac{D}{Q} + CA\frac{Q}{2}$$

Lote económico (Q$_e$)

Para calcular Q$_e$ hay que determinar el punto de equilibrio entre CA y CE. En dicho punto, el coste total (CT) será el menor posible. Para ello es preciso derivar CT respecto de Q:

$$\frac{dCT}{dQ} = \frac{d\left[D * P + CE\frac{D}{Q} + CA\frac{Q}{2}\right]}{dQ} = -CE * \frac{D}{Q^2} + \frac{CA}{2}$$

Igualando a cero: $-CE * \frac{D}{Q^2} + \frac{CA}{2} = 0 \quad \rightarrow \quad Ce * \frac{D}{Q^2} = \frac{CA}{2}$

Despejando Q, queda la fórmula de Wilson:

$$Q_e = \sqrt{2 * CE * \frac{D}{CA}}$$

Ejemplo

Cálculo para el producto X de una demanda de 6 meses comparando el tiempo actual de cambio de modelo con el tiempo teórico de 10´cambio tras implantación de SMED

Lote óptimo del producto X	Demanda 6 meses	Producción (pz/h)	Producción 6 meses	Coste pieza (€)	Coste de oportunidad de inventario (interés 9%)	Cambio de modelo (h)	Coste horario máquina (€)	Coste cambio de modelo (€)	Q óptimo	Numero de cambios de modelo óptimos	Demanda / Semana	Semanas cubiertas
Produccion producto X (antes de SMED)	300000	3600	1296000	3,50	0,16	2,0	350	700	51673	6	12500	4,1
Produccion producto X (después de SMED)	300000	3600	1296000	3,50	0,16	0,16	350	56	14615	21	12500	1,2

El tamaño de lote disminuye, aumentando la flexibilidad de la línea. El número de cambios aumenta, pero reduce el stock de 4 a 1 semana, por tanto, se reducen los costes de adquisición de materia prima y almacén.

Producción. Impacto en el OEE

El OEE (overall Equipment Eficence) es un indicador que mide los parámetros fundamentales de la producción, midiendo el porcentaje de efectividad del equipo respecto a un ideal equivalente.

El cálculo de OEE permite visualizar de forma ponderada los factores que disminuyen la capacidad de nuestro sistema productivo y se obtiene de multiplicar la tasa de disponibilidad, tasa de rendimiento y tasa de calidad.

$$OEE\ (\%) = D * R * C$$

Las acciones sobre el proceso, que supongan una mejora significativa en cualquiera de los tres aspectos, debe ser un motivo para revisar si el indicador está correctamente parametrizado y actualizado a las nuevas circunstancias del proceso, por ejemplo, una mejora en el aumento de la velocidad de fabricación, que revierta un valor en el indicador >100% sería un motivo evidente para realizar una revisión de la tasa de rendimiento.

Árbol de paradas OEE

Analizando los indicadores individualmente, podemos observar donde se producen las pérdidas más importantes y, por tanto, hacia donde deben encaminarse los esfuerzos para conseguir una mejora global del indicador.

Es esencial alimentar el árbol de paradas adecuadamente para poder hacer un análisis adecuado de las pérdidas.

En el siguiente ejemplo se puede observar un árbol de la clasificación de las causas asociadas a cada indicador, no obstante, cada Organización debe configurar el árbol en función de sus características.

Disponibilidad

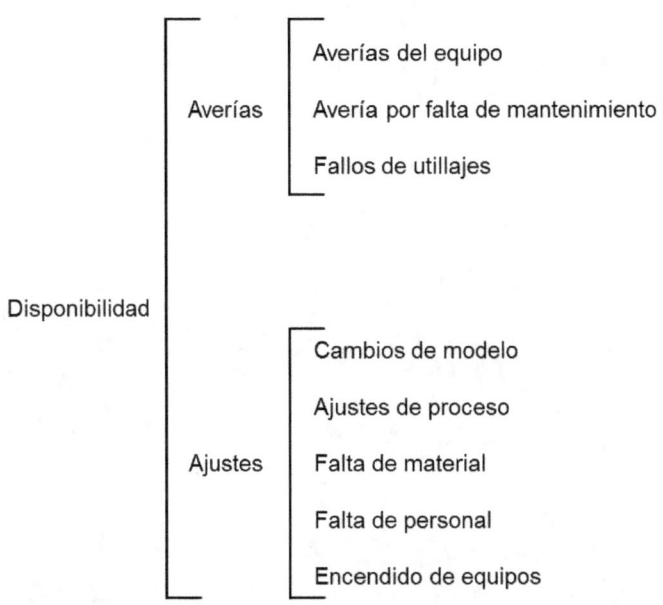

Rendimiento

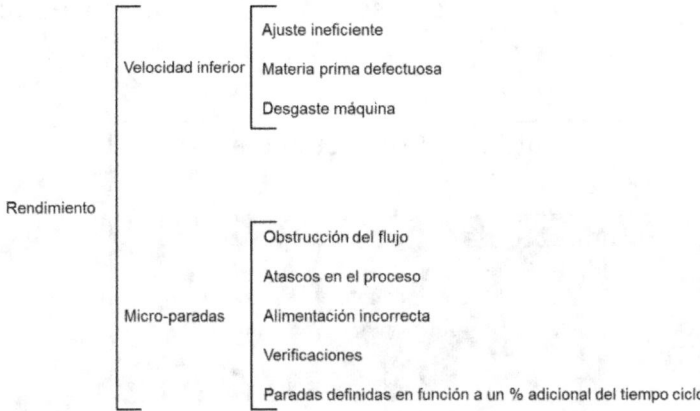

Calidad

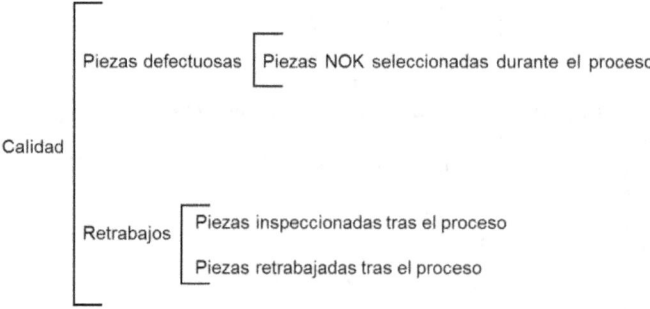

Clasificación internacional OEE

En función de los resultados del indicador, las Organizaciones se clasifican según el siguiente baremo:

OEE (%)	Calificativo	Consecuencias
≤60	Inaceptable	Importantes pérdidas económicas Baja competitividad

≥60 <70	Regular	Pérdidas económicas. Aceptable sólo si se está en proceso de mejora.
≥70 <80	Aceptable	Ligeras pérdidas económicas, competitividad baja.
≥80 <95	Buena	Valores considerados "World Class". Buena competitividad.
≥95	Excelente	Competitividad excelente.

Tasa de Disponibilidad

La disponibilidad se obtiene de la división del tiempo que la máquina ha estado produciendo por el tiempo en el que la máquina podría haber estado produciendo.

El tiempo operativo se entiende como el tiempo en el que la máquina ha estado funcionando sin paros por avería, operaciones auxiliares, paros planificados, etc...

El tiempo disponible es el tiempo total menos las horas que se planifican en el calendario para no producir por paradas planificadas, mantenimientos programados, festivos, etc...

$$D = \frac{tiempo\ operativo}{tiempo\ disponible}$$

Tasa de Rendimiento

El Rendimiento se obtiene de la división entre las piezas producidas por la cantidad de piezas teóricas que deberían haberse producido, en función de la capacidad nominal de la máquina y la velocidad de proceso o tiempo de ciclo.

La velocidad es calculada como una relación entre los tiempos de ciclo teóricos o de referencia y los tiempos de ciclo reales.

La capacidad nominal es el rendimiento ideal de la máquina en piezas hora.

Cualquier interrupción en el ciclo del proceso que suponga un aumento del tiempo de ciclo, repercutirá negativamente al rendimiento. En el caso de que el tiempo de ciclo sea mayor que el esperado, repercutirá de manera positiva al indicador.

$$R = \frac{Capacidad\ de\ producción\ real}{Capacidad\ de\ producción\ teórica}$$

Tasa de Calidad

Se obtiene de la división entre las piezas conformes y de las piezas totales producidas.

La mala calidad no solo da como resultado una pérdida de material sino también una pérdida de capacidad, ya que se habrá empleado un tiempo en fabricar una pieza defectuosa.

$$Q = \frac{Unidades\ conformes}{Unidades\ totales}$$

Se entiende como unidades conformes las piezas fabricadas bien a la primera, indicador conocido como (FCFT) "First Choice First Time"

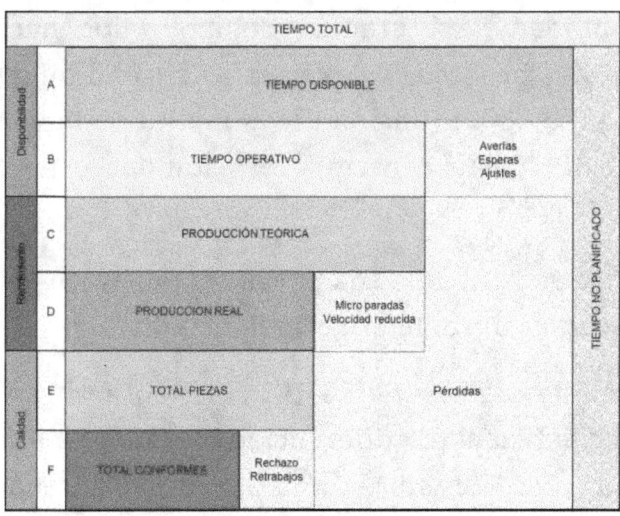

Impacto del SMED sobre el OEE

Durante el transcurso de la producción, cuando la fabricación se comporta de manera estable, el resultado del OEE es lineal y no se encuentran grandes fluctuaciones. Tras una interrupción de la producción, debido a un cambio de modelo no controlado, el indicador se verá afectado por la variación de todos sus indicadores.

Con la aplicación de mejoras a través del análisis de SMED, modificaremos el indicador de forma global.

Durante el inicio de una nueva producción, tras cambio de modelo, se producen interrupciones hasta llegar a conseguir una estabilidad del proceso. Veremos una curva de arranque donde el incremento de la disponibilidad será gradual debido a los paros por ajustes de proceso y averías. El rendimiento irá incrementando en función del aumento de la velocidad del proceso hasta conseguir el estándar esperado de tiempo de ciclo.

La calidad se verá afectada por la acumulación de piezas no conformes durante el periodo de ajuste.

Durante el análisis del SMED, se observarán todas aquellas deficiencias diferenciadas en cada indicador del OEE y se establecerán mejoras para reducir las pérdidas asociadas a cada indicador.

A continuación, se describen algunas situaciones muy comunes que suceden durante el arranque de un nuevo lote y que tienen una afección directa al OEE.

Utillajes: Es común que los utillajes necesiten ajustes debido a una falta de mantenimiento, por tanto, se establecerán medidas para corregir las desviaciones del plan de mantenimiento. Este aspecto tiene un efecto domino, como resultado de un utillaje que no está bien ajustado, se producirá un cambio de las condiciones normales del proceso, como consecuencia la probabilidad de producir una pieza no conforme será alta. Si no se detecta a tiempo la deficiencia del utillaje, se producirá un cambio en los parámetros para reducir la velocidad, por tanto, el rendimiento se verá también afectado.

Materia prima: Cualquier cambio en la materia prima, bien sea por su embalaje, o características técnicas de calidad, tendrá como consecuencia un cambio de las condiciones estándar del proceso, al no poder repetir las condiciones básicas. Normalmente se traducen en pérdidas de tiempo de ciclo por micro parada, y pérdidas de velocidad por reducción de la velocidad de proceso.

Error humano: En este sentido encontramos dos grandes causas, aspectos relacionados con la falta de estándares de aplicación o procedimientos de trabajo y falta de formación.

Realizando un análisis previo para relacionar la influencia en el OEE por la realización de un cambio de modelo, sobre todo teniendo en cuenta la tasa de disponibilidad y calidad, podemos estimar las pérdidas que se obtendrán a lo largo del tiempo, es decir, generar un escenario de la previsión de pérdidas que se generarían si no se toman acciones.

Transformación de la Organización.

El reto de la implantación de la metodología SMED supone un reto a los departamentos de Ingeniería de Procesos ya que aporta una visión distinta del planteamiento de la metodología enfocada en resolver las pérdidas generadas a lo largo del proceso. El sistema SMED invita a reflexionar sobre la forma en la que se están realizando los procedimientos y de qué forma se están aplicando. Asimismo, incide en la idea básica de la observación como vehículo canalizador de encontrar el origen de los problemas y abordarlos desde la raíz.

Por tanto, es necesario realizar una revolución que permita renovar la filosofía del sistema de trabajo, fijando nuevos retos desde el punto de vista de la mejora continua, sin la necesidad de implantar grandes revoluciones tecnológicas.

La filosofía SMED invita a la participación del personal que opera en producción, basándose en el profundo conocimiento de los procesos, de tal manera que la unión de las sinergias de los departamentos técnicos con las del personal que operan en producción, formarán un grupo de alto rendimiento para lograr el bien común de los objetivos de la Organización.

Al margen de los beneficios intrínsecos de la herramienta, la implantación integral del sistema SMED supone una revolución de la industria porque modifica la visión de la pérdida y de la oportunidad de mejora dentro de las Organizaciones.

Las Organizaciones alineadas con la filosofía de la Mejora Continua están en permanente transformación, teniendo presente el largo plazo, con el único objetivo de alcanzar la perfección.

Las Organizaciones se transforman porque hay personas que cambian y se involucran para que así sea, no es posible de otro modo, no es una cuestión de marcar directrices en la estrategia de la empresa sino de que las personas crean que un cambio de mentalidad habilita el espacio para la creación de valor.

Hemos visto cómo, desde la implantación del SMED, las diferentes áreas de la empresa y proveedores se han involucrado hasta alcanzar el objetivo, Producción, Ingeniería, Logística, Finanzas, Calidad, RRHH, Compras, etc... creando valor en cada uno de los pasos que trazan el camino hacia la perfección.

www.smedproject.com

e-mail: julio.ramos@smedproject.com

Bibliografía:

Una revolución en la producción: el sistema SMED. Shigeo Shingo

La Empresa. Economía y dirección. Luis Navarro Elola, Leonor González Menorca, Ana Clara Pastor Tejedor.

Jesús Royo, Lote óptimo.

Project Manager. PMBOK

Lean Thinking. James P. Womack and Daniel T. Jones

Kikuo Suehiro. Eliminación de pequeñas paradas en máquinas y líneas automáticas.

www.ingramcontent.com/pod-product-compliance
Lightning Source LLC
Chambersburg PA
CBHW071508220526
45472CB00003B/957